PLANTOPEDIA

The Definitive Guide to House Plants

室内植物权威指南

[澳] 劳伦·卡米莱里　索菲亚·卡普兰 —— 著
by LAUREN CAMILLERI & SOPHIA KAPLAN OF LEAF SUPPLY
邵志军　邓岚 —————————— 译

CTS HK 湖南科学技术出版社·长沙

献给弗兰克和拉菲

——热爱植物的下一代人

目 录

心系植物
CONNECTING WITH PLANTS

人类有一种繁育生命的内在冲动，不论这种生命是植物还是人。生活日益城市化，同植物保持关联，能给我们带来种种不可忽视的益处。

现在，很多人居住在市中心的公寓，接触绿植的机会非常少，甚至市郊或农村的居民也是如此；因此，居家种植照料绿植成了人们内心的一种渴望。

种植盆栽，照料室内小花园，这是一种美好的体验。这又是一种心理疗养，有助于人类与大自然和谐相处。当今，人类给环境带来了前所未有的负面影响，学会欣赏自然的价值，了解自然如何养育了人类，其重要性不言而喻。

或许正因为如此，近年来室内园艺渐成风气。现在的我们，比以往任何时候都更需要重新评估我们的生活方式，学习呵护自然，在地球上更诗意地栖居。

本书是一本通俗易懂的现代室内植物大百科，希望它有助于加强人类与植物的之间的联系。本书全面地概述了观叶植物、多肉植物和仙人掌，从随手可得的品种到稀有的独角兽植物，每个读者都可以从本书中找到感兴趣的内容，无论是新手还是园艺专家。

在深入说明单个物种之前，我们会先介绍其所在的“属”，对于想要开始园艺栽培或者增加室内植物品种的读者，希望有所启发。所有植物都是天生的室外植物，本书中提到的室内植物指的是那些能够适应家居空间和工作场所的植物。

所幸的是，许多观叶植物和多肉品种在室内生活得很好，如天南星科植物、蕨类植物、秋海棠属、丝苇属和大戟属植物。要想植物生长良好，就要尝试模拟其自然生境。因此，

ROOT NURTURE GROW
SALT
FAT
ACID
HEAT
Samin
Nosrat
Study of Trees

了解这些植物的原生地以及它们在野外的生存方式，就显得格外重要。

根据室内空间的具体情况去选择最适合的植物品种，这是成功的关键。把合适的植物放在适宜的环境——只要明白这一点，所选择的植物就一定能够茁壮成长。

所有植物都是天生的室外植物，本书中提到的室内植物指的是那些能够适应家居空间和工作场所的品种。

为了便于使用本书，我们详细地编撰了重要的注意事项，涵盖了所有室内植物栽培的要点：养护匹配、光照需求、水分需求、土壤要求、湿度要求、繁殖方式、生长习性、摆放位置和毒性等级。

对于栽培过程中可能会遇到的疑难问题，我们提供了积极的建议，也分析了侵害植物的常见病虫害。有了这些知识储备，我们可以更好地了解植物的生命周期，更科学地管理它们，欣赏它们的美丽，也接受它们不完美。

从本书最后往前翻，您会依次看到如下有用信息：①植物养护信息索引，它能让您轻松愉悦地定位感兴趣的条目；②植物视觉索引，它根据植物的养护难度对植物作了分组，非常直观，您可以参考这个索引，轻松地挑选适合您和您居住空间的植物；然后就是③术语表，阅读本书时如遇到不确定的术语，可以参考它。本书还有一个按字母顺序排列的常规索引，附在最后。

那些以赤子之心热爱园艺的人士为我们提供了各色植物藏品，本书中收录的大部分植物都摄自这些私人藏品；通过这些图片，琳琅满目的室内植物，它们的形状、质地、颜色和美丽都尽收眼底。

本书没有收录到所有室内植物，而是尽量提供详细的关于室内园艺的综合指南，供不同水平的室内园丁们使用。您如果想在方寸之间拥有一片绿洲，或希望为已有的室内小森林添加一些新的品种，那么本书一定能为您提供一些指导和灵感。欢迎您关注 @leaf_supply, 在我们的“Leaf Supply”网站分享您的植物，并给您的帖子加上话题标签 #plantopedia，会有更多人知道您和植物之间不得不说的故事。现在，让我们一起开始园艺之旅吧！

室内植物简史

A BRIEF HISTORY OF HOUSEPLANTS

人类为了颐养身心而养护植物的历史由来已久。大约公元前 600 年，传说有一座巴比伦空中花园，建这座花园纯粹是出于对美的追求而不是为了种植粮食蔬菜，这应该就是园艺最早的书面记录之一。故事里说，国王尼布甲尼撒二世下旨为妻子阿米蒂斯王后建造了这座花园，以解其思乡之情——王后非常想念波斯家中那些郁郁葱葱的绿色植物。

尼布甲尼撒二也真是宠妻狂魔，他命令巴比伦花园要仿照王后的出生地而建：苍翠的山峦上，长满了橄榄、榅桲、阿月浑子、梨树、椰枣和无花果。神秘的是，尽管空中花园是古代世界七大奇迹之一，但人们至今尚未发现它的确切位置，而且关于它的起源有些相互矛盾的说法，也没有考古证据证明它的存在，或许空中花园永远都将是一个美丽的神话吧。

与巴比伦空中花园无据可考不同，古埃及、古希腊和古罗马的园艺历史有翔实文献记录。历史记载中写到，富人喜欢在自家庞大的庄园里种植植物，无论是在室内还是在庭院里，他们偏爱种植一些食用植物和赏花植物。在亚洲，中国的盆景艺术始于公元 2 世纪至 5 世纪，人们以树桩或者小树为材料，通过各种造型技艺来表现老树古木的苍劲壮丽。

据传，公元 5 世纪西罗马帝国崩溃之后，室内园艺之风也随之式微，直到 14 世纪后期文艺复兴，室内园艺才再次大行其道。这一期间，欧洲国家劫掠了一些美洲、非洲、亚洲和大洋洲国家，并在那里殖民，由此带回了当地的植物样本，用于粮食种植、科学研究、商业生产和装饰目的。富人们开始在橘园（早期的温室）栽种各色植物来炫耀他们的财富，因此柑橘和其他热带植物在气温较低的地区逐渐得到栽培推广。

虽然大富之家早就开始享受庭院内室种花养草的个中乐趣，但到了 19 世纪，中产阶级才有了这一生活追求。随着从世界各地引进的热带和亚热带植物种类日益繁多，室内种植这种时尚逐渐达到顶峰。例如，英国植物学家约翰·贝伦登·克尔·高勒（John Bellenden Ker Gawler）在 1822 年描述过的叶兰（*Aspidistra*，蜘蛛抱蛋属植物），后来被引种到英国，在英国叶兰被称作“铸铁草”，因为它太强悍了，养在室内最暗的地方也能活。再后来，由于玻璃的普及使用，英式花园开始流行建造温室以种植植物；到了 20 世纪，灯光照明和供暖技术的进步促进了室内种植的进一步发展，让在室内种植更多种类的植物成为可能。

与所有事物一样，室内种植的流行也有起有落。20 世纪初，人们的品位变了。英国维多利亚时代曾流行满屋植物的室内设计，随着家居装饰日益现代化，这种审美已经彻底过时。仙人掌科植物 + 多肉植物的格调更适合当时的风气，其魅力与日俱增。到第二次世界大战结束时，室内种植再次流行起来，因为盆栽能为通常单调乏味的工作场所增加一抹生命的亮色。一些强悍的盆栽植物能够忍受弱光条件，当人们更多地以公寓为家时，这些盆栽也进入了公寓这种居家环境；到了 70 年代，斯堪的纳维亚设计风靡一时，瑞典人又特别青睐室内植物，如龟背竹和茂盛的波士顿蕨就得到了大众的喜爱，室内盆栽再次风靡一时。

快进到 20 世纪 20 年代，室内种植重回镁光灯下，而它们似乎天生适合这个舞台。最近的研究表明，室内植物可以提升人的专注力、生产力和总体幸福感。当人们日渐受益于室内绿植的陪伴并懂得欣赏这种巨大的价值，室内园艺也许将永远陪伴人类。

写在植物学史的边上

除了承认西方人在植物学和园艺学中所起的作用，我们认为还有必要对植物学、园艺学的形成过程进行更广泛的讨论，因为这个过程通常损害了原住民的利益。西方殖民者为建立、扩张帝国而在殖民地种植经济作物，当地居民作为劳动力经常被剥削压榨，而他们自己的历史和本土的植物学知识却被漠视甚至抹杀。

尽管我们许多人常用西方人的语言来称呼某些植物，但是任何理性的人都明白，欧洲植物学家并不是首次“发现”这些植物的人，而只是首次使用西方的形式方法来记录它们的人。这确实是一个复杂的问题，要解决世界范围内民族植物志的历史遗留问题，业内还有很多工作要做。我们需要自我教育，学习真实的叙事，聆听原住民的声音，致力于让世界和我们这个热爱植物的网络园艺社区更加平等。

ev 12

植物分类指南

A GUIDE TO PLANT CLASSIFICATION

18 世纪，瑞典植物学家卡尔 · 林奈（Carl Linneaus）发明了双名命名法，该体系使用两个拉丁名字或以科学名称来命名生物体：一个表示属，另一个指称该属内的单个物种。

在创建双名命名法之前，植物的命名完全凭借肉眼观察和主观描述。很多情况下，完全基于观察来描述，一个植物名称甚至会用 5~10 个词汇。林奈的国际命名约定方便了世界各地的植物收藏家，这样，鉴定植物就多了依据而少了争执。

与学名的严谨正好相反，俗名就是有啥说啥，完全是从日常生活中来的，通常不了解科学命名规则的个人经常会使用它们。没有国际协议规定俗名应如何书写或使用，因此它们在不同国家之间存在很大的差异。我们许多人看到了一些认识的植物，最有可能叫出它们在本地的俗名。比如，您可能从未听说过“高大肾蕨”（*Nephrolepis exaltata*）这个名字，但其实您家中很可能已有一株“高大肾蕨”，只是日常称之为“波士顿蕨”，而这个名字比“高大肾蕨”更为人所熟知。植物学名称乍一看很复杂，太科学，但是如果掌握好命名规则和相关术语，实际上植物学名称相对不复杂，而且非常有用。

如前所述，拉丁学名中的第一个名称是植物的属名（genus），这是一组具有相同（偶尔为相似）植物学特征的植物的统称。第二个名称叫“种加词”（specific epithet），以小写形式出现，用于区分同属的不同物种。依照惯例，拉丁学名中的两个名称都用斜体表示（如果手写，则加下划线），属名首字母大写。例如，俗称“瑞士奶酪”的美味龟背竹（我国多称之为“龟背竹”），其拉丁学名为 *Monstera deliciosa*。“*Monstera*”指的是该植物的属（有“怪物”的意思，指其特别的叶形和花序，译者注），而“*deliciosa*”指该植物的美味果实。此外，可以将 *Monstera* 属下物种的集合称为 *Monstera* sp.。学习种加词的含义不仅有助于了解植物的来源和该植物所偏好的条件，还有助于揭示植物的生长习性和植物可能表现出的共同特征。

属和种的上下级都还各自有许多分类等级，几个属合为一科（family）。同科的植物可能看起来截然不同，但它们依据共同的祖先和共同的特征而同属一科。在物种这个分类层级下面还有亚种、变种、栽培变种或杂交品种。

亚种是一个物种的变型，通常因地理位置因素而形成。由于亚种与正种在地理上相隔离，导致两者有明显不同的外观特征。亚种被记作 subsp. 或 ssp.，在学名中放在种加词之后，要用小写、正体表示。

植物变种的形成有多个途径，但它们都是自然产生的。变种总是与正种具有不同程度的差异，例如变种表型为大花或变种的果实很小（记作 var.microcarpus，意为"微花变种"）。但是，尽管存在这样的差异，它们还是同一个物种。变种植物要么因植物随机的基因突变产生，要么因为受精孕育过程中植物种子发生了基因突变，随后种子又长成了变种植物。

另一方面，栽培变种是指人类栽培出来的变种，而不是野外自然长出的变种。栽培变种的名称以小写形式表示（除非包括了人名或地名），它们从来不用斜体表示并始终要加单引号。通常，它们以培育者或发现者的名字命名，或者以该植物的重要特征命名。由于 ICBN(藻类、真菌和植物的国际双名命名法）已有数十年的历史，栽培变种的名称不能再拉丁化，以避免与变种、亚种相混淆。

最后，两种植物跨种杂交则产生杂种，也称为杂交品种。大多数杂交植物是人类有意使不同种植物杂交而产生的，其中涉及大量工作，要经过大量尝试，才能产生所要的结果。然而，两个物种的植物如果离得不远，昆虫或风可能就会来一场跨种授粉，从而导致自然产生的杂交。杂交产生的种子落在土壤里，长大就成了杂种。给杂交品种命名，没有规定说一定要给它一个属于它自己的名字，可以用一个公式来指称杂种，这个公式就是：杂种名字 = 一方物种的名字 + 另一方物种的名字。

物种鉴定长期以来一直是一门不严格的科学。因此，植物的属发生变化是常有的事，有的植物甚至多次被划入不同的属。基因检测技术出现后，物种的归属变化越来越频繁，有理由相信随着基因鉴定技术的广泛应用，未来会有更多的变化。在这本书里，我们努力列出最新的分类，当植物的属发生变动时，我们会告知读者它们的分类学起源，将它们的异名（该物种现在已过时的名称，记作 syn.）和俗名放在一起。

EDEN

室内植物栽培
HOUSEPLANT CULTIVATION

很多人有兴趣了解食物的来源，他们能领悟食物的珍贵，我们相信，人们对于植物也会有同样的感情。

植物种植者怀着满腔的热爱，去研究、种植和选育植物，劳心劳力地栽培它们，经营像我们这样的苗圃和植物商店，然后这些植物又进入千家万户或上班族的办公室。全世界的室内植物种植者们建构了一个园艺的网络，他们共同研究、把握风尚，把幼苗培育成健康的植株，让你我可以在本地植物商店买到它们。我们喜欢参观苗圃、采购植物，这是我们工作中最有价值的一部分。走进满屋青绿的温室，大口地呼吸真正新鲜的空气，欣赏大片的绿植，窥视那些育苗棚才有的新品种，与园丁们聊天，这些都让我们感到无比兴奋，并得到启发。

在编撰本书期间，我们走访了悉尼最好的三位园圃经营者——“基思·华莱士园圃”的基思·华莱士（他有42年种植经验）和戈登·贾尔斯，以及“绿色画廊”的杰里米·克里奇利，他们对我们的所有提问都知无不言。

“决定种什么植物，是我们业务中的一大难题，虽然感到困难，但我们却乐在其中，”杰里米说。他经常出国参观苗圃和绿植展览，了解国外的流行趋势。“每年，热门植物的风向和苗圃产品的需求都会发生变化，这种时尚和需求的波动非常快。去年最受瞩目的室内植物，今年却是大路货，连锁店里随处可见。”

澳大利亚的大多数苗圃都是通过扦插、播种和组织培养相结合的方式来培植幼苗的。一些蕨类植物也可以通过孢子来育苗。扦插作为一种繁殖方式，通常会用更加本土化的母本——据基思说这些母本最初是“由热爱植物的人士引进的”；组织培养通常用来自外国的母本，用植物组织在实验室里培育得到幼株；组织培养的方式有助于繁育出干净无病毒的植株个体，不仅更容易实现批量生产，还更容易符合检疫标准。

对于组织培养植物生产外包的流程，杰里米是这样说的，“我出国访问那些组织培养实验室，去看看他们有些什么新产品，我也会就培育什么植物提些建议。这些实验室大部分位于东南亚和中国，但我们也与南美、欧洲的实验室合作。

我还到处去参观花卉市场和苗圃，看看有没有以前在组培产品中没有见过的很酷的植物，我还会请当地的实验室就这些新奇的植物尝试组培提取，培育商业品种。我还有幸参观了印度尼西亚的一些神奇的植物园，与馆长和实验室管理者们聊天，想看看有没有什么“从雨林弄来的野生植株”值得种植。

“我认为室内植物不仅是一种时髦追求，人们将意识到室内植物是他们生活中的必需品，室内植物与人的生活工作为伴，有很多积极的意义。”

大多数苗圃在试验新奇品种的同时，会种植一系列经典的、广受欢迎的植物。选择新品种总有点像赌博，我们要考虑接下来会流行哪些植物，而哪些植物会沦为堆肥材料。正如杰米里解释的那样，“从在印度尼西亚的某棵树上找到一种长相奇特的植物，再到从澳大利亚的零售店买到它，需要经过一个相当漫长的过程，通常是2~3年。实验室需要4~6个月来做植物的清洁灭菌和组织培养工作，还需要6个月时间才能顺利完成培植，此后，至少还需要6个月的时间才能获得足够多的植株。把幼苗运到澳大利亚后，这些植物还要继续培养7~14个月。这段时间真是超级长，有种遥遥无期的感觉。有时，投入了大量的劳力和时间，培养的植物却没有获得商业成功，所以说一切都是未知数！为什么一些新上市的植物非常昂贵？因为其中投入了太多的精力、资源、时间和金钱。”

另一方面，基思家90%的植物来自分株或茎插繁殖。他说：“从开始扦插到收获大苗平均需要12~15个月。上盆之前，种在育苗托盘里的幼苗会先在配备有喷雾、制冷和冬季供暖系统的温室里平均生长4~6个月（时间长短取决于季节）。上盆之后，通常我们会继续养护6个月，直到它们足够大，才能出售给零售店。”

专门培育大花蕙兰的园艺大师戈登则更有耐心，他投入了一生（准确地说是66年）来杂交育种这些美丽的植物，而大花蕙兰从种子到开花平均需要7年时间。

我们喜欢看到苗圃园丁们培育植物，他们在尽可能地模仿植物的原生环境，为植物提供定制的盆土、优质肥料，并定期浇水，以确保它们在生命周期伊始处于最佳状态。基思表示，种植成功的关键因素是“良好的光照、充足的水、流通的空气和清洁的育苗棚环境”，

良好的卫生条件可以确保幼苗不会被病虫害侵袭。不过，有趣的是，“绿色画廊”园圃的环境并不是无菌的，相反，杰米里的团队给他们的植物接种了各种有益的细菌和真菌。“植物与这些微生物有着很强的共生关系，在大自然中，完整的土壤生态系统帮助植物生长，是植物的福利。有益的微生物能让植物少生病，更好地吸收养分。我们尽可能减少使用化学喷雾剂，这种化学喷雾的用量比大型传统苗圃要少得多，我们还会在苗圃投放各种益虫来对付可能危害苗木的害虫。”杰米里耐心地解释给我们听，而我们是真爱上了这种园艺方法。

看到年轻人为植物和园艺所吸引，杰里米备受鼓舞。他说：“我认为室内植物将不仅只是一种时髦追求，人们将意识到室内植物是他们生活中的必需品，室内植物与人的生活工作为伴，有很多积极的意义。”他对室内园艺有一种非常实际又充满了智慧的见解，“要知道，植物是一种生物实体，购买的植物不一定都能种植成功，这当然令人遗憾。由于某些原因，在有些地方有些植物就是种不好。但是，我们一定不要放弃园艺，无论怎样的环境，无论怎样的种植者，都能找到合适的植物。”

快速上手
HOW TO USE THIS BOOK

本书介绍了广受欢迎的130多种室内植物，包括热带观叶植物、多肉植物和仙人掌，还有些分类边界模糊的植物。这些植物中既有室内植物的“中坚力量”，还有许多罕见且不凡的品种。每株植物都有独特的品性，因此有不同的养护要求。在此，我们致力于帮您选择最适合的室内植物。

如果您是一位室内种植新手或者是“植物毁灭者”，那么我们建议您从最容易照顾的品种开始，例如绿萝。如果您能让琴叶榕生存时间长达一年，那么就可以挑战稍微难养点的植物，或许竹芋是个不错的想法。如果您有自己的温室，那么，不妨大展拳脚，做个园艺狂人，尝试下食虫猪笼草好了。

为了提高本书的实用性，我们为每一种植物都创编了一份种植要点的小贴士，涵盖植物的重要信息，这对于刚刚从事室内园艺的人特别实用，还包含植物的基本养护要求，包括光照需求、土壤要求、水分需求、生长习性、繁殖方式、摆放位置，以及可能对家宠造成的毒性等级。我们还根据植物的养护难度对植物进行了分组（请查看本书后面附录的“视觉索引”部分，非常方便实用）。

养护匹配

养护匹配分类，从养护要求低到高养护要求的“天花板”，每个级别都有相应的植物。所以说，不论您是新手还是高手，总有一款适合您。您需要了解的是，植物跟人类一样，有些好相处，有些不好相处。但不论如何，一定要去尝试自己喜欢的植物。

新手 维护等级低的神奇植物，适合刚踏上室内园艺之旅的朋友。它们生命力强悍，即便种植者偶尔疏于照顾，它们也能存活。

园艺能手 这个层级的植物需要更多的关注和照料，但只要条件适宜、照顾得当，一定可以茁壮成长。

园艺专家 这类植物是出了名的难伺候，种植这些植物，您得有压箱底的干货拿得出手，没有丰富的经验可不行。

光照需求

对植物而言，光就是生命！我们将绿色植物移栽入室内，就需要尽可能地模拟它们的自然栖息环境，为它们提供足够的光线，通过光合作用促进它们生长。假如入手的植物适宜栖息在森林的斑驳阳光下，那么就给它充足的明亮散射光，早晚晒晒温和的直射光是最不错的。来自沙漠的植物则要大量的直射光才能充分满足其生长需求。当然有些植物在弱光环境下也能成活。

此外，了解室内植物所处环境的光照条件是关键。首先，观察所有可用的光源，记录阳光在一天中的不同时段照射区域。房屋的朝向、周围的建筑物或窗帘都有助于为植物调节最适宜的光照水平。例如，靠近窗户和天窗的地方是最明亮的，如果是露天的就更好。您可以在智能手机上下载光度计 App，方便评测室内光照条件。

虽然有许多植物可以忍受弱光条件，但要强调的是，大多数植物有了充足的光照条件，才能长势喜人。如果植物经常被置放在较为阴暗的角落，那么建议尽可能每月一次移到明亮的地方，相当于安排一次“度假”。还要注意一点：季节不同，光照条件也会随之变化，因此，秋冬季节气温较低、白昼较短，一定要根据植物的需要，把它们搬到阳光充足的地方，春夏两季则要注意给植物遮阴。

中低 这些植物在低光条件下能存活，但在明亮的散射光条件下，生长更旺盛。

明亮散射光 这些植物最适合能照到充足漫射光的位置，尽可能让它们沐浴到早晨的直射阳光，尽量避免有可能灼伤叶片的午后强光。

全日照 仙人掌是太阳的膜拜者，例如金琥仙人球，它们需要接受大量的直射光才能在室内茁壮成长。

水分需求

就植物的需求而言，水的重要性仅次于光。植物在野外依靠大自然来保持水分，而室内植物完全依赖于我们。植物所需的水量会受到很多变量的影响，品种、光照量（一般而言，接受阳光照射的时间越长，水分需求就越大）、环境温度、通风条件、盆土性质以及盆栽器皿的类型和大小都会影响到植物的水分需求。

确定您的植物是否缺水的最佳方法是，每周一到两次将手指放在土壤中感受湿度。健忘的植物种植者可以固定在一周中的某一天浇水，这个办法对他们或许有一定帮助，但是植物宝宝还是可能会面临过度浇水或浇水不足的风险。如果对自己不够有信心，或许可以用土壤湿度检测仪来辅助判断。土壤湿度检测仪价格便宜，使用简单，读数明了，有助于判断植物是否需要浇水。这样，您可以及时响应植物的需求，还将有助于您制订一以贯之的浇水计划。

对于带有排水孔的花盆，浇水要直接浇到土中，浇水要透，直到水从盆底流出来。浇水时要确保所有的根系都吸饱水分。浇水建议在水槽上、淋浴间或室外完成。如果花盆下有托盘，请在浇水 30 分钟之后将流到托盘内的水倒空，保证植物的根部不泡水，这样能够减少根部腐烂的风险。

虽然大多数室内植物都能接受自来水（室温的最好），但长期浇灌自来水会导致土壤中某些矿物质积累过多。如有可能，下雨天让植物淋淋雨，或者用桶、喷壶之类收集一些雨水用于浇灌。有些难伺候的植物，譬如猪笼草、铁兰，都特别挑剔，就需要使用蒸馏水，这也是一个种植要点。

低　具有肉质叶和茎的植物（大多数的多肉植物和仙人掌）有将水储存在体内的能力，因此对水的需求量比多叶植物要少。这些植物耐渴，盆土大部分变干时再给它们浇水也没问题。浇水频率大概春秋季节每两周一次，较冷的秋冬季节每月一次。

中　许多观叶植物属于这一类。这些植物浇水的合适时机为表层土壤（大概 5 厘米）已经变干。春秋两季大约每周一次，秋冬两季少浇。

高　这些植物喜欢整体湿润的土壤。没错，就是铁线蕨！只要土壤表面干燥，就要马上浇水。

土壤要求

如果您想在室内培植出强大、健康的植物，优质且适配的营养土是关键。合适的盆土有助于植物吸收水分和养分，并且排水性佳，从而植物可以获得最佳的生长条件。

完全可以从本地的花艺店或苗圃购买盆土，但一定要选择最优质的室内盆栽专用有机盆土。商店购买的盆土中自带一定的营养，通常可以支持植物健康生长6~12个月。此后，您就需要开始添加肥料，我们建议使用稀释的有机液肥。

透水性好 符合标准的优质盆土，能够轻松地排掉多余的水。珍珠岩能让土壤更加疏松透气，降低土壤湿度。

保湿 保湿性好的盆土中可以有椰糠（细碎椰丝和大颗粒椰壳），但要避免使用含有泥炭的盆土，因为采集泥炭对环境有害。

粗颗粒、沙质 含有较高比例沙子和砂砾的盆土，可以让水迅速排走——非常适合来自沙漠的植物。

湿度要求

许多来自热带雨林的植物也可以在家庭环境茁壮生长，毫无疑问，热带雨林的空气湿度非常高。在进入零售店和居室之前，大部分室内植物都是在温室内生长的。温室为室内植物提供了理想的生长环境，比如充足的散射光照和湿度。相比之下，我们通常的家居环境就干燥多了，这样的环境变化对新来植物可能造成相当大的冲击。如果空气湿度真的非常低（通常因空调或暖气导致），植物的根系将竭力吸收水分，以弥补蒸腾作用造成的损失。

自然法则之一：植物的叶子越薄，对湿度的需求就越大。有些植物长着厚质叶、革质叶或蜡质叶，或叶子表面覆盖绒毛，它们对干燥的空气通常相对不敏感，受影响也较小。多肉植物和仙人掌可以应对干燥的空气和土壤，但热带植物对于相对湿度的要求就高多了，约为50%。您可以采取一些措施来提高湿度，解决方案之一就是用喷雾器定期增湿，早上最好是用温水，这样经过一整天叶子会变干（良好的通风也有帮助）。另一个办法是，将喜湿植物的托盘里面放上鹅卵石和水，用这样的方式为植物营造出一个较为潮湿的周边环境，同时还要注意确保植物的根部不能一直浸泡在水中，以防烂根。此外，还可以在同一个空间种植多种植物，创造一个微气候，用这种方法来提高植物叶子周围的湿度。还有最后一招——如果您想为雨林植物们营造一个雾气腾腾的美好环境，那么还可以使用加湿器。

无 仙人掌属植物和大多数多肉植物喜欢干燥的环境，它们不需要喷雾，对于它们来说，潮湿可能导致真菌等问题。

低 对于低湿度需求的植物，乐意的话，夏季对植物每周喷雾一次即可，不喷也没问题，它们一样可以生长得很好。

中 很多常见的室内植物每天只需喷雾一次即可，建议将具有相似湿度要求的植物放在一起，或者把花盆摆放在装满水和卵石的托盘上。

高 这些喜湿植物是高维护品种，许多花烛属植物和那些敏感的球茎秋海棠，它们需要高湿环境，叶子上还不能沾水。只有借助加湿器，居家环境才能达到满足这些植物的湿度水平。所以，我们把这类植物叫作“加湿器搭档”。

繁殖方式

生长和繁殖是植物的天性。不论您是想扩大自己的收藏，还是想分享一些植物给朋友，繁殖自家植物是获取新苗株的好办法，简单且成本低。

准备繁殖植物时，要作好心理准备：不能确保每次都成功。所以，如果遇到扦插失败，也不要气馁。为增大繁殖成功的概率，需要考虑以下事项：

• 选择最健康的植物进行繁殖。当然，有一种情况例外：假如您试图通过繁殖来挽救一棵垂死的植物，那么即便失败，也没什么损失。

• 繁殖的最好时机是气温温暖的活跃生长期。

• 在繁殖前几天给植物浇水，让它们既好看又湿润。

• 繁殖用水首选雨水或蒸馏水。

• 多取一些插条，因为不是所有的都会成活。

• 从母株上截取插条时，动作一定要轻柔。

• 插条长根时切忌浇水过多，避免盆器过大，因为这可能会导致闷根。

• 将幼苗放在温暖、明亮的地方，避免阳光直射。

首先，您需准备好一株用于繁殖的植物，一把干净锋利的修枝剪，装满盆土或育苗土的干净花盆或者玻璃器皿（取决于土培还是水培）。如果第一次尝试植物繁殖，建议先从成功率高的植物品种和繁殖方式开始，例如，在玻璃器皿里水培绿萝枝条。接下来，我们要探讨四种适用于不同品种的室内植物的技术。可以使用以下一种或多种方法繁殖您心仪的植物，请查看种植小贴士以获取具体信息。

茎插　这可能是最常见的繁殖技术，适用于多种植物，包括天南星科植物、秋海棠属和球兰属植物。用一把干净的剪刀，以45度角剪下枝条，长度大概10厘米，保留几片叶子、一两个茎节（茎上隆起的小包，通常在叶子旁侧或侧枝上）。大多数热带植物的切茎可以直接放入装满盆土、育苗土或椰糠的新盆里，或放入装满水的玻璃容器中。与热带植物不同，大多数仙人掌和多肉植物的插条在种植到粗颗粒盆土里之前，需要晾几天时间愈合伤口，这样可以有效防止感染。将愈合的插条末端蘸一下生根激素，可以进一步增加成功的机会，也可以使用蜂蜜甚至唾液这样的天然替代品。插条生根可能需要长达6周的时间，请耐心等待！

子株和吸芽　子株是成年植株末梢或匍匐枝上出现的微型植株，例如吊兰的空气茎上就会长出许多小吊兰。所谓的吸芽指与母株基因完全相同的侧枝或幼芽，镜面草（*Pilea peperomiodes*）或虎尾兰（*Dracaena trifasciata*）都能产生这样的吸芽。这些幼苗通常出现在母株的基部，根系很少，非常娇嫩，一旦长到足够大，可用干净、锋利的刀片或修枝剪将其同母株分离，并将其定植于新盆，盆土必须用透水性好的优质盆土。此外，子株和吸芽也可以在水中成功生根。

叶插　这种技术适用于多肉植物和秋海棠属植物等。把叶子从茎上轻轻摘下，确保叶片完整；干燥 1~3 天，以避免感染腐烂；将其浸入生根激素，然后将切叶的三分之二插入土壤。插入土中时叶尖要朝向外侧，这样新根才能居中生长。轻轻地压实插叶周围的盆土。

分株　有些植物长到足够大时，可以轻松地将它分成两部分或更多，这种繁殖方式被称为分株。早春是分株繁殖的最好时机，新种植的植物会有一个猛长阶段。第一步，从花盆中取出母株；第二步，用双手轻轻将植物分离成两个部分。如果分不开，可以去掉根部的土壤再重试一次，或用小刀小心地将根系切开；第三步，将分离的部分分别栽到花盆里面，要用新的盆土。前几周一定要温柔细心地照顾新栽下的分株，定期给它们浇水，避免阳光直射。叠苞竹芋属（*Calatheas*）和和平百合（*Peace lilies*）就是非常适合使用这种方法繁殖的植物。

生长习性

充分了解植物的生长习性后，才能弄清楚最合适的种植区域和盆器，以及养护常识——例如植物是否需要支撑或者定期换盆。

直立　强壮直立的茎干向上方生长。
攀援　在野外缠绕或攀附他物生长。
垂蔓　茎干悬在花盆的边缘，并自然垂向地面。
丛生　外形紧凑，呈灌木状或土丘状。
莲座　茎叶从中心点扇形展开，呈莲座状。

摆放位置

把盆栽放在什么位置好呢？这个问题涉及美学和功能性。把盆栽搬入室内，室内瞬间生机勃勃、充满温馨，但植物对于摆放位置是有要求的，有些地方就是不称它们心意。光照、植物外形和生长空间都需要考虑，还有群生植物叶片质地、花纹图案之类的搭配，以达到最大的美学效果。

地面 那些高大且直立的植物，常常成为注意焦点，适合栽种在大花盆里，直接摆放在地上，比如成年的鹤望兰（*Strelitzia*）和榕树（*Ficus*）。

桌面 最适合放置低矮紧凑的植物，例如叠苞竹芋属、草胡椒（*Peperomia*）。

窗台 适合多肉植物和仙人掌，这些植物需要大量明亮光线，它们喜欢早晨的直射阳光，明亮、温暖的窗台就非常适合它们。值得注意的是，我们这里说的仙人掌不包括雨林仙人掌，我们说的是真正的仙人掌，即乳突球属仙人掌（*Mammillaria* sp.）和仙人掌属仙人掌（*Opuntia* sp.），这两个属的仙人掌需要大量的直射光。把它们放置在无遮挡的北向窗台，它们定能茁壮成长。

书架、花架 适合垂蔓植物，如绿萝（*devil's ivy*）和球兰（*hoya*），层层叠叠的繁叶与书架和花架相映生辉，视觉上温柔的藤蔓能软化家具的锐利。切记：有毒的植物或有刺的仙人掌应该放在宠物和儿童无法触及的高度。

遮阴的阳台 适合放置比较强悍的品种，例如龙舌兰（*agave*）和某些品种的秋海棠（*begonia*），这些植物能够适应恶劣的条件（比如狂风和暴晒），在荫蔽的室外也能够健康成长。

毒性

许多室内植物都有一定程度的毒性，能导致动物和人类的不适和呕吐，甚至更严重的后果。切记：虽然很多宠物对室内植物并无兴趣，但如果您家小动物偏偏极具好奇心或者以防万一，请选择相对友好的室内植物，或者把有毒植物放在爱宠的小爪子够不着的地方。

有毒 会造成重大伤害。

微毒 大量摄入可能引起不良反应。

友好 非常安全。

排忧解难

TROUBLESHOOTING

就算我们尽最大努力去照料植物，但大自然中有些情况是我们无法控制的，难免有时植物会生病和死亡，这个现实有点残酷，但这也是室内园艺的重要体验。

照料植物是一个不断试验的过程，在实践中出现问题时，千万不要气馁，而应该把每一个挑战视为扩展知识的机会，避免过高的期待，要从现实出发。不完美才是生活的一部分，所以要接受某些植物的怪癖、瑕疵和异常。

照料植物，让其健康生长，重中之重是预防，我们需要定期检查植物朋友们的健康状况，将问题扼杀在萌芽状态，这是最理想的方式。培育和维护是种植中最有意义、最有益身心的部分，要以积极的心态去侍弄花草，而不是将其视为一件苦差事。给花草浇水，让花草健健康康，享受这个过程中的乐趣；用心检查叶子，去除不健康的或死亡的组织——叶子、茎或花，防止疾病感染植物的健康部位，在这样的照料下，植物一定会越长越美，用蓬勃的长势来报答您的恩宠。

您对所收藏的植物有所了解之后，再通过观察生长状况来确保它们得到足够的光和水，这一点至关重要。植物遇到不适的环境会表现出一系列症状，如叶片脱落和叶尖褐变等，但仅仅凭借这些症状还不能准确判断根本原因。有时原因很明显，例如原本生活在森林底层的植物是不耐晒的，出现以上症状很可能是长时间暴晒造成的。但是如果叶子变黄，可能是过度浇水了，也可能是浇水不足，只有排除了一方，才能确定到底出了什么问题。您也可以这样理解：我们在种植植物的过程中常常出错，植物就是用自身的变化来告诉我们哪里不对。

浇水过多或浇水不足 很多植物会由于种植者的过度热心而夭折，比如浇水太多。同样，长时间缺水也会影响到很多植物的生长。水多水少都可能导致落叶，这真让人挠头。因此，我们需要了解植物对水的需求，浇水前一定要检查土壤的水分含量。确保盆土排水性好，浇水后半小时要倒掉盆托里的积水。

过度浇水会导致植物的根部泡水腐烂，那么就算土壤潮湿，也可能出现脱水现象。如果植物罹患根腐病，并非回天无力，及时脱土并充分冲洗根部。用一把消毒过的锋利的修枝剪（不要用普通剪刀）去除被感染的根部。再根据根系的受损情况，来剪除相应数量的枝叶，可能是三分之一到一半的样子。将根部浸入杀菌溶液，消灭可能存在的真菌。用消毒剂或稀释的漂白剂彻底清洗被真菌污染的花盆，以免重新栽种的植物被真菌再次感染。

缺水的植物通常会枝叶下垂，叶子还可能会卷曲，它们用这种方式来表达自己口渴了。此外，叶子干燥或尖端褐变也可能是植物脱水的迹象。当植物缺水时，土壤摸起来通常会偏干，花盆也会比正常情况下轻不少。

加热器或制冷器造成空气干燥 许多室内植物喜欢温暖、潮湿的环境。暖气和空调会导致空气变得异常干燥，进而对植物产生负面影响。确保冷热空气不会直接吹到植物，从室外进来的冷风也最好要避免。湿度不够的情况下，植物的叶尖会干焦，通常伴随着虫害，例如蛛形螨（又称红蜘蛛、叶螨）。

通风不良 长时间空气潮湿、不流通，容易滋生真菌，从而导致各种问题，如根茎腐烂、叶斑和发霉。这时就需要打开窗户或风扇，加速空气循环，降低湿度，有助于表层土壤在浇水间隔干湿循环。

过度施肥 叶片尖端呈现褐变，很可能是因过度施肥造成的肥害。使用肥料时，请始终遵循产品说明并谨慎行事，要秉承宁缺毋滥的原则。液肥是室内植物的最佳选择，因为操作上更容易把控，能避免施肥过多。

光照过强或者光照不足 植物在自然衰老的过程中，有部分老叶子会变黄乃至脱落，但是如果叶子开始褪绿（因产生的叶绿素不足变黄），这就表明植物晒多了。尤其是热带植物，叶片容易被午后的直射光灼伤。虽然说这种损害不可逆，但光照导致的叶片枯黄会使植物的外观受损，去除黄叶即可。相反，如果光照不足，植物会徒长，叶片稀疏。例如，多肉植物缺光的话，就特别容易徒长。

病虫害
PESTS + DISEASES

越是细心照顾，满足需求，植物死于害虫或疾病的可能性就越小。

然而，有些问题是不可避免的，例如在新买的盆土中可能有害虫。对此，您需要密切关注新植物，并定期检查“老朋友”。这样，即便是出现一些疾病，也可以掌握主动权，在问题萌芽期就控制其发展，避免拖到不可收拾的地步。刚入手的植物要和已有的品种隔离一段时间，直到可以确定它们没有带来“不速之客”。只要发现有一点点征兆，就要隔离它们，直到找到问题的根源。救助遭到粉蚧侵扰的植物，精心养护它们直到恢复健康，这个过程可以给我们带来极大的成就感；同时，为挽救现有的植物而舍弃有问题的，是理性的止损，同样具有价值。

再次强调：要定期检查植物，确保它们在水分、光线和湿度方面的需求都能得到充分的满足。病虫害最容易侵蚀脆弱、不健康的植物，因此预防总是首选之计。浇水时，一定要去除所有的残花败叶，从花茎的基部掐掉或剪掉。同时检查是否有下列病虫害的迹象：

- 植物上或土中有害虫；
- 叶子上有褐斑、孔洞，出现网状叶，叶子边缘被啃噬；
- 有霉菌或白粉病。

有很多自然的方法可以解决害虫问题，我们一贯提倡使用自然方法，而不是使用毒性大的杀虫剂。常备的最有效的产品是有机生态油或稀释的植物油，它们作为天然杀虫剂，可以有效地窒息害虫（对不住了，小家伙们！）。此外，使用有机生态油或稀释植物油后，植物的叶子看起来更加漂亮有光泽。做法一：购买喷雾装生态油；做法二：购买生态油，按照说明用水稀释，然后装瓶以备不时之需。

接下来我们要讨论常见的病虫害及根除它们的方法。

蚜虫（aphids） 柔软、无翅的小型昆虫，颜色各异。它们繁殖迅速，从叶或茎中吸取汁液，从而造成植物的物理损伤和代谢失衡。在户外，瓢虫常被用于防治蚜虫；在室内，对付的方法就是用肥皂水清洗叶子，然后涂上生态油或植物油。

蕈蚊（Fungus gnats） 在盆土中产卵的小飞虫。它们在土壤和树叶上飞来飞去，在窗户上爬来爬去，肉眼可见。看起来令人生厌，实质伤害其实很小。我们只需确保受影响的植物没有过度潮湿，表土（5 厘米）干燥即可；在浅盘中放置黏虫板，盆中倒入苹果醋和洗洁精（250 毫升醋中加几滴洗洁精），可以诱捕这些讨厌的小飞虫。

粉蚧（Mealy bugs） 这些虫子可不友好，它们的外表好似涂有白色粉状蜡，看起来像一坨坨小棉花。它们吸取叶子的汁液，拉出黏稠的粪便。它们善于隐藏，难以寻找，要注意新长的叶芽、叶背，任何角落和缝隙都有可能是它们的藏身之地。如果盆土含肥量过高，比如氮，粉蚧就如鱼得水。先别慌！最好用氮–磷–钾元素均衡的肥料来控制氮水平。要消灭它们，可以先用布擦除，要确保这些虫子被彻底碾死，不要留下残留痕迹。接着用 1 份植物油、少许洗洁精和 20 份水配成杀虫剂（也适用于蚧壳虫）后喷洒叶子（叶面和叶背都要喷到）、茎干和盆土；坚持每周喷洒，直到所有的粉蚧都被消灭干净。

蚧壳虫（Scale） 有硬介、软介两种，叫它们蚧壳虫是指它们表面有鳞片或“外壳”，外形扁平或椭圆形。蚧壳虫爬行缓慢，有多种颜色，与粉蚧类似，它们吸食植物汁液并分泌蜜露，导致叶子变黄、掉落。植物上出现蚂蚁说明附近有蚧壳虫，因为蚂蚁喜欢以甜美的蜜露为食。可以用旧牙刷或指甲刷等刷掉蚧壳虫，然后涂上生态油。叶子的两面都要认真擦拭，确保消灭虫子，包括幼虫也要斩草除根。

红蜘蛛（Spider mites） 这些小东西实际上并不是蜘蛛，而是螨虫科的成员。它们身上有标志性的黄色或白色的小点，或是斑点、斑块，通常藏在叶子的下面。如果您看到它们在花卉叶片背面吐丝结网，说明红蜘蛛正在危害植物。这些小昆虫以口器刺入叶片内吮吸汁液，危及植物生命，所以要迅速把它们消灭掉。摘除受到严重感染的叶子，并处理干净确保红蜘蛛不会再次感染，或传染其他植物。擦拭或冲洗被感染的植物，用生态油喷洒叶子的背面，彻底消灭这些家伙，以防止再次爆发。

定期检查植物，确保它们的需求都能得到满足，这点至关重要。病虫害最容易感染脆弱和不健康的植物，因此预防总是首选。

蓟马（Thrips） 这是一种身形细长的有翅昆虫，它们危害室内植物，给人们带来的麻烦可不小。它们吮吸植物的汁液，造成的伤口呈白色或为银色条纹状，导致叶子发白或变黄。受到侵害的嫩叶、嫩梢会变硬并卷曲枯萎，您还能看到棕色小斑点状的粪便。蓟马在植物间的传播速度很快，因此一旦发现这些害虫，最好立即处理。擦拭或冲洗叶子，然后在叶子、茎干上涂抹生态油或植物油，盆土也要喷一喷。

粉虱（White flies） 它们与蚜虫是近亲，看起来像精致的迷你版飞蛾或苍蝇。成年粉虱和虫卵通常隐藏在叶子的背面；如果受到干扰，成虫就会成片飘扬起来。像蚧壳虫一样，它们以植物的汁液为食，分泌蜜露，导致植物生长迟缓、叶子发黄。粉虱喜欢温暖潮湿的环境，所以如果植物生活的环境很凉爽，大可不必太担心。可以用吸尘器将它们吸走，或者用水管子将它们冲走，然后用生态油喷洒被感染的植物。

细菌和病毒（Bacteria+Viruses） 出现细菌和病毒的问题通常是由养护不当引起的。最常见的原因是浇水过多或不足、通风不良；或用撕扯而不是切除的方式去除死茎，从而造成了物理损伤；还有就是重复使用盆土和使用了未曾清洁消毒的花盆。植物一旦感染，细菌和病毒就可以在植物之间传播。它们会使植物生长受阻、叶子变色并受损。所以，最好在植物交叉感染之前就妥善处理受害的植物，以减少损失。

真菌（Fungus） 真菌喜爱潮湿的环境，它们会导致植物根茎腐烂，植物发霉或者出现叶斑。消灭真菌非常棘手，因此还是重在预防。通风能起到预防真菌的作用，要经常打开窗户或者风扇，要等叶子和顶层土壤干了之后再浇水。治疗真菌病害之前，先隔离被感染的植物，然后立刻使用生态灭菌剂，按照说明，持续使用直到彻底消灭真菌。

夹竹桃科

APOCYNACEAE

球兰属

Hoya

很多植物被选中当作室内植物培养，仅仅因为叶形美丽，而球兰属植物可不仅仅是这个原因。球兰属有 200~300 种，以热带植物为主，许多原产于亚洲大陆，但在菲律宾、澳大利亚、新几内亚和波利尼西亚也有发现。它们因香气扑鼻的花簇和有光泽的厚叶子而备受赞誉。这些常绿的多年生植物主要是藤蔓植物（虽然有些的确看起来像是木质灌木），在自然环境中，它们通常攀附在树木上生长。

球兰属有些品种因为叶子肉质厚，经常被人认作多肉植物，其实并不是。球兰的叶子有形状、颜色和纹理各异，比如卷叶球兰（*Hoya compacta*）的叶子卷曲呈杯状，还有线叶球兰（*Hoya linearis*）叶子瘦且柔软、略带毛。20 世纪 70 年代曾经流行过栽培室内球兰，但它一度被认为只适合放在奶奶的客厅。近年来，越来越多的人开始青睐这些易养护的植物。

样本：马蒂尔德球兰
Hoya carnosa × *serpens* ‘Mathilde’

绿叶球兰

Hoya carnosa

俗名：蜡兰

绿叶球兰可能是常见的球兰品种，原产于澳大利亚和东亚。它有时被不友好地称为“奶奶的老式蜡兰”，其实，如果在室内放点绿叶球兰，整体会感觉很清凉，让人心情舒适，如果一味拒绝它们，那真的太遗憾了！

养护匹配：
新手

光照需求：
明亮散射光

水分需求：
中低

土壤要求：
透水性好

湿度要求：
低

繁殖方式：
茎插

生长习性：
垂蔓

摆放位置：
书架、花架

毒性等级：
友好

放在吊盆里或置于书架上，绿叶球兰的叶子垂曳下来，美轮美奂。这种朴素植物需要明亮的环境才能茁壮生长，光照是开花的关键因素。它不怎么需要照料，保证足够的水分和排水良好的盆土，以及避免土壤过度潮湿。其肉质叶子非常耐旱，浇水间隔时期盆土干透对其有好处。冬天注意保持土壤干燥，春夏就能迎来盛开的花朵。由很多小五角星组成的球状花朵，视觉和嗅觉效果都是那么甜美。

与大多数附生球兰属植物一样，绿叶球兰的根须会缠绕生长，不要急于换盆。如果要换盆的话，请确保新盆仅略大于旧盆。与其他植物一样，开花会消耗球兰的大量能量。在春秋时期，特别是开花季，建议每隔几周施一次肥，以促进生长。

杂交匍匐球兰 “玛蒂尔德”

Hoya carnosa × serpens ‘Mathilde’

俗名：玛蒂尔德球兰

如果绿叶球兰和匍匐球兰杂交，会有什么惊喜呢?

哦，那当然是娇小又完美的马蒂尔德球兰啦!

养护匹配：
新手

光照需求：
明亮散射光

水分需求：
中低

土壤要求：
透水性好

湿度要求：
低

繁殖方式：
茎插

生长习性：
垂蔓

摆放位置：
书架、花架

毒性等级：
友好

这种天使般的杂交品种结合了两种植物的优点，是一种株型紧凑又相对容易养护的球兰。它近圆形的叶子上点缀着银色斑点（有时被球兰种植新手误认为是疾病或损伤造成的，但实际上这正是受追捧的特性！），从吊盆、花架或餐具柜上倾泻而下，显得非常美丽。养护条件合适的话，这种球兰开花较早，复花性好，毛茸茸的花朵呈淡粉色，气质优雅。

虽然玛蒂尔德球兰的叶子富有光泽并呈肉质，但从科学分类来看，它并非多肉植物。盆栽时要选择排水性、通气性好的盆土，花盆要有排水孔，做到干透浇透。为了促进开花，要保证充足明亮的散射光照，冬季土壤保持干燥。对有爱宠的人来说，玛蒂尔德球兰也相当友好，因为它没有毒性，对于好奇心强的猫猫狗狗不会有危险。

变种卷叶球兰

Hoya carnosa var. compacta

俗名：印度绳叶球兰

印度绳叶球兰因其悬垂的藤蔓而得名，这些藤蔓好像粗绳，叶子紧密卷曲；而这些紧密卷曲，深绿或者绿白斑驳的肉质叶正是其独特魅力所在。

养护匹配：
新手

光照需求：
明亮散射光

水分需求：
中低

土壤要求：
透水性好

湿度要求：
低

繁殖方式：
茎插

生长习性：
垂蔓

摆放位置：
书架、花架

毒性等级：
友好

这种球兰虽然生长相对缓慢，却是非常坚韧的小型植物，能让室内环境平添一份生趣。

与其他附生球兰一样，要为它选择质轻、透水、透气的盆土。虽然这种非斑叶的变种卷叶球兰能容忍弱光条件，但是会导致生长缓慢，有可能开不了花。因此，最好把它们放置在明亮的散射光线下。它们的维护要求较低，因为生长缓慢，也很少需要翻盆，定植后基本可以说是一劳永逸。所以，选择一个心仪的花盆，种上这种卷叶球兰吧，相信它会陪伴您很长时间。

春夏两季，卷叶球兰处于活跃的生长期，等盆土几乎完全干燥时再浇水。较冷的季节要减少水量，隔尔浇水即可。

心叶球兰

Hoya kerrii

俗名：甜心球兰

心形叶子的植物无人不爱，心叶球兰自然也不例外。

养护匹配：
园艺能手

光照需求：
明亮散射光

水分需求：
中低

土壤要求：
透水性好

湿度要求：
高

繁殖方式：
茎插

生长习性：
攀援

摆放位置：
书架、花架

毒性等级：
友好

这种球兰通常以单根枝条的形式出售，情人节前后尤其畅销。虽然它们长着新奇的叶子，颜值很高，但这样一根单独的枝条没有长成大棵植物的潜力。因此，如果您所想的是成片的心形叶子，建议您选择大一点的植株（有多个叶子和茎节的），否则，要等一根枝条长成一大丛，您恐怕需要等到地老天荒。

心叶球兰原产于东南亚，在野外可以攀援到 4 米的高度。作为室内盆栽，心叶球兰需要非常长的时间才能长这么大。在室内，即使有茎条有茎节，也可能需要几年的时间才能长成藤蔓。耐心对于种植心叶球兰来说是一种美德，虽然等待很难熬，但好在照料它很省事，基本不用换更大的花盆。

心叶球兰叶子肥厚多汁，能够有效地储存水分，因此，相对于其他球兰来说，心叶球兰的浇水频率可以更低些。

总体来说，它是一种强悍的植物，在温暖、潮湿的气候条件下，它的长势会更旺盛。按时浇灌，光照充足，有利于它的生长，早晨的直射光对它颇有益处。

线叶球兰

Hoya linearis

俗名：线叶球兰

这种球兰长着柔软精致的带有淡淡绒毛的长条形叶子，堪称独一无二。其风姿总让人联想起丝苇仙人掌（见第 379 页）和线叶吊灯花（见第 337 页）。

养护匹配：
园艺能手

光照需求：
明亮散射光

水分需求：
中低

土壤要求：
透水性好

湿度要求：
低

繁殖方式：
茎插

生长习性：
垂蔓

摆放位置：
书架、花架

毒性等级：
友好

线叶球兰比其他球兰更稀罕，照顾起来也更费心力，但我们认为这些付出是值得的，因为它将为您的室内环境增添意想不到的神韵。这种附生植物原产于喜马拉雅及其周边地区，作为一种高海拔地区的附生植物，它们比大部分其他的球兰属植物更喜欢凉爽的气温。

线叶球兰的叶子不像其他球兰属植物那么厚实，养护要求稍高一点。它的养护要点与其他球兰大体相同，只是耐受力稍差，因此需要较为严格地按要求去浇水，这点是关键。此外，盆土要有很好的透气性和排水性，从盆中流入托盘的水要及时倒掉。土壤干了才能浇水，但请注意，如果叶子有枯萎情形，需要多浇点水。明亮的散射光对于线叶球兰来说是最佳的，此外，跟其他球兰属植物一样，它也喜欢柔和的直射晨光。条件适宜时，它会开放出带有淡淡柠檬香味的白色星形花朵。

天南星科
ARACEAE

拎树藤属

Epipremnum

拎树藤属是由常绿多年生藤本开花植物组成的属，这些藤本植物能利用气生根攀援。因此它们经常与天南星科中的其他属混淆，例如崖角藤属（*Rhaphidophora*）和藤芋属（*Scindapsus*）。

拎树藤属植物多见于热带森林，从喜马拉雅山到东南亚、澳大利亚和西太平洋岛屿都有发现，这些繁茂的植物高度能超过 40 米，叶长 3 米。在室内盆栽的拎树藤属植物，并不会长那么高大。尽管没有那么抢眼的高度，作为室内栽培品种，拎树藤属植物仍有自己独特的风格和强大的适应性，对于新手是很好的选择。然而，这些植物全身都有毒，主要是因为它们的小针状硅石细胞能保护其免受野外食草动物的侵害。所以，如果宠物喜欢植物的话，拎树藤属植物并不是理想的品种。

养护匹配：
新手

光照需求：
明亮散射光

水分需求：
中

土壤要求：
透水性好

湿度要求：
低

繁殖方式：
茎插

生长习性：
垂蔓

摆放位置：
书架、花架

毒性等级：
有毒

绿萝

Epipremnum aureum

俗名：魔鬼常春藤

比起一般的室内植物，这种俊秀的"恶魔"生长更加旺盛，且易于打理。无论是垂蔓、攀援上墙，还是茂密的叶帘，绿萝都能够胜任。它之所以得名"魔鬼常春藤"，据说就是因为它几乎不可能被养死。正因为这种强悍特性，绿萝成为很多家庭和办公室标配的神奇植物。

绿萝的藤蔓生长迅速，您稍稍努力一下，它们很快就能长到20米的长度，长势惊人！

绿萝的生命力很强，即便是粗心大意，不善照料，这些小"恶魔"也能活得很好。它们能忍受弱光、干旱。虽然它们在条件很差的情况下也养不死，但请善待它们，尽量给予较好的照料。如果绿萝能享受到明亮的散射光线，能定期浇水，则可以更加茁壮地成长。养护时注意盆土表层2~5厘米的土壤保持干燥，防止因太潮湿而烂根。

绿萝茎插繁殖很容易，在叶片茎节下方2~3厘米处下手，剪下一根有5~7片叶子的茎干，去除底部的叶子并将茎放入水中。一旦新生的根系长到大约6厘米长，就可以种到土里。绿萝在水中可以健康地活着，只需注意定期换水。

绿萝有多种栽培变种可供选择，如常见的金绿斑叶的黄金葛、黄绿色的霓虹绿萝、时尚的白绿斑点的大理石皇后绿萝，总有一款绿萝适合您。

“大理石皇后” 绿萝
Epipremnum aureum ‘marble queen’

黄金葛
Epipremnum aureum

荨麻科属

URTICACEAE

冷水花属

Pilea

冷水花属的名字来源于拉丁词 pileus，字面意思是“毡帽”，形容覆盖在干果之上的花萼。冷水花属是荨麻科中最大的开花植物属，囊括了 600 多个种，都是喜阴的草本或灌木植物，它们没有荨麻科植物具有代表性的刺毛，这对园艺来说是好事。冷水花属植物常见于热带、亚热带和暖温带地区，大部分都是极佳的室内植物。

冷水花属植物体型较小，从长着微微闪光的银绿色叶子的银光冷水花（见第 054 页）到叶子上有金属溶液飞溅效果的、俗称铝斑草的花叶冷水花（见第 053 页），叶片具有很高的观赏性，也比较容易维护。

花叶冷水花

Pilea cadierei

俗称：铝斑草

花叶冷水花那椭圆形的绿叶上有凸起的银色图案，如同金属铝溶液飞溅的效果，这是花叶冷水花的鲜明特征，也是其俗名的灵感来源。

养护匹配：
新手

光照需求：
明亮散射光

水分需求：
中

土壤要求：
透水性好

湿度要求：
中

繁殖方式：
茎插

生长习性：
直立

摆放位置：
桌面

毒性等级：
有毒

这种观叶植物没有任何明显的生长问题，再加上适应性强，怎么看都是完美的室内植物。不论您的园艺能力如何，它都是很优秀的栽培对象，特别适合小空间。

花叶冷水花极少开花，花型很小，与精致醒目的叶片相比显得无足轻重。如果花叶冷水花开花，最好掐掉花蕾，这样它能储备更多的养分用于长出更美丽的叶子。对于花叶冷水花来说，修剪很重要，春季应将茎剪掉一半，以促其健康、持续生长。

它们的生命短暂而美丽。一般来说，花叶冷水花的寿命只有四年左右，所以在它还活着的时候，尽可能欣赏它们的美好。娇小美丽的它们在室内最多高为30厘米，非常适合桌面展示。如果室内空间十分有限，可以选择矮化品种“迷你版”的花叶冷水花，它的高度约为15厘米，叶子只有普通花叶冷水花的一半大小。

无名冷水花

Pilea sp.‘NoID’

俗名：银光冷水花

这种冷水花的俗名“银光”完美地描述了它的特征，这是一种赏心悦目的娇小垂蔓植物，叶子上好像被撒上了一层仙尘，闪闪发光。

养护匹配：
新手

光照需求：
明亮散射光

水分需求：
中低

土壤要求：
透水性好

湿度要求：
中

繁殖方式：
茎插

生长习性：
垂蔓

摆放位置：
书架、花架

毒性等级：
友好

银光冷水花在某种程度是一种令人好奇的植物。它很早就进入了园艺市场，但植物学专业人士在著作中却不曾提过它，它也没有任何权威的描述。因此，尽管它通常被称为灰绿冷水花（*Pilea libanensis*），但科学地讲，它还没有植物学名称。

更复杂的是，苗圃和园艺中心经常将这种冷水花标记为“*Pilea glauca*”，这个名称纯粹是为了方便交易而取的，不要与 *Pilea glaucophylla* 混淆。如果您是想买其中一种，请留意这两个名字，但要知道，理论上两个名称都不正确。

把语义的问题先放在一边不谈，这种冷水花属植物很好养护，看上去令人心情愉快。它最喜欢明亮的散射光，光线较弱的条件也可以，但是不太耐全日照。银光冷水花在高湿度的条件下能够茁壮成长，因此建议定期喷水，为它提供更好的生存的条件，但是不太潮湿的环境它也能适应，不用过于紧张。要保持良好的排水条件，避免根腐病，这点至关重要。在盆土中添加珍珠岩有益于控水，等表土 5 厘米干燥后再浇水。另一方面，如果缺水，银光冷水花的小叶子会干枯褐变，因此，一定要保持适当的干湿平衡。

垂蔓的银光冷水花适合种在吊盆内，放在花架上也不错。如果希望它长得肥厚，或多发新叶，则需要适时修剪。

镜面草

Pilea peperomioides

俗名：铜钱草

不久前，铜钱草还是一种热门的商品。在斯堪的纳维亚室内植物中，它们别具一格。又圆又大、表面光滑的叶子，顶在高高的叶梗上面，很醒目，而它们的身份之谜又为它们平添一份吸引力。

养护匹配：
新手

光照需求：
明亮散射光

水分需求：
中

土壤要求：
透水性好

湿度要求：
中

繁殖方式：
吸芽、子株

生长习性：
丛生

摆放位置：
桌面

毒性等级：
友好

镜面草一如既往地广受欢迎，而且并不难获得，对园艺爱好者来说这是一件幸事，有了它们的加盟，室内盆栽乐园增添了不少光彩。镜面草又叫友谊草、传教士草、煎饼草、飞碟草或者干脆就是冷水花，据说它起源于中国云南省的西南部地区。

关于它，有一个美好的传说，它的某个俗名就是和这个传说有关。据说 20 世纪 40 年代一位挪威传教士从中国带回了一些镜面草的茎叶，并将它分送给家人与朋友，及他们的左邻右舍。就这样镜面草迅速传播到整个斯堪的纳维亚半岛和其他的地区。此后好多年欧洲人都不知它叫什么名字，直到 20 世纪 70 年代初，人们对室内植物栽培的热情达到了顶峰，才饶有兴趣地关注到它的起源，因为来自中国，所以就将之命名为“中国铜钱草”。

后来，该植物的样本被送往了伦敦的邱园（Kew Gardens, 全称是 Royal Botanic Gardens,Kew, 即“皇家植物园”。它是世界上最著名的植物园，其历史可以追溯到 1759 年。邱园拥有近 5 万种植物，是联合国认定的世界文化遗产。译者注），因为没有花朵，所以植物学家无法识别。公众对它的来头各持其说，直到 1978 年，有人送来了叶子和雄性花序，一位邱园植物学家猜想说，“它可能是镜面草……”结果证明他没有错，谜团就此解开。

镜面草可以自生出幼苗或者分株，用锋利的刀或剪刀从根部把幼苗与母株分离，并让它们在水中或潮湿的盆土中生根，便可轻松繁殖。镜面草的传播历史表明，向亲朋好友赠送幼苗就是一种很有爱的分享园艺植物的方式。

只要条件适宜，镜面草很容易打理，是低需求的室内植物。把它放置在一个阳光充足、散射光照的位置，清早如果能够享受到直射的晨光，它就能一直长啊长。浇水浇透，让土壤充分吸收水分后放置一会，倒掉花盆底部排出的多余水分。等到土表 5 厘米干燥后再浇水。适时用喷雾给叶子喷喷水，对镜面草有好处，但这不是必需的，您根据自己的情况选择维护方式。

天南星科
ARACEAE

合果芋属

Syngonium

这些低调的植物原产于中美洲、南美洲、墨西哥和西印度群岛的热带雨林，是室内植物的中坚力量。我们看到的大多数合果芋属植物是栽培变种，颜色和叶面花纹通常差异很大。叶子有深色系到霓虹绿系的，有棕色系到粉红色系的（例如“霓虹”合果芋 *Syngonium podophyllum* ‘neon robusta’），有近纯白色系（例如“月光”合果芋 *Syngonium*‘moonshine’），还有深受喜爱的彩叶品种斑叶白锦合果芋（*Syngonium podophyllum*‘albo variegatum’）。这些合果芋的栽培品种叶子色彩鲜艳，生机勃勃，在幼株时期很容易被误认为是一种花叶芋属（*Caladium*）植物。

合果芋幼苗长着娇小的心形叶子，后来慢慢变得更像箭形，并在完全成熟时最终裂开。

合果芋幼苗期为丛生株型，成熟时会长出藤蔓。您可以修剪藤条使枝叶紧凑，您也可以不修剪，让枝条高大稀疏。有不少合果芋植物，如斑叶合果芋（*S. angustatum*），在某些地区是入侵植物，如果在室外种植合果芋属植物，一定要提前了解当地物种情况。

养护匹配：
新手

光照需求：
明亮散射光

水分需求：
中

土壤要求：
透水性好

湿度要求：
中

繁殖方式：
茎插

生长习性：
攀援、垂蔓

摆放位置：
书架、花架

毒性等级：
有毒

合果芋

Syngonium podophyllum

俗名：箭叶芋

合果芋是合果芋属中园艺栽培最广泛的物种。它原产于热带和亚热带地区，从墨西哥一直到南美洲的玻利维亚，都有它的踪迹。在室内种植时，它也能很好地适应环境。合果芋生长旺盛，叶子逐渐长大后，会越来越像箭头。当它完全成熟时，叶片会分裂。幼苗时为丛生，成熟后就会开始攀援，如果希望它保持小巧的身形，就要及时修剪（剪下来的叶子可以用于繁殖）；您也可以把它放置在花架上，或插入支撑柱，让其攀援生长。

总的来说，所有的合果芋栽培变种对于新手来说都是很好的选择，因为它们不挑剔环境，养护要求也不高。虽然说深色叶的植物能承受较弱的光照，但如果经常处于明亮的散射光下，合果芋的生长会更旺盛。那些花叶的品种，如斑叶白锦合果芋，需要大量明亮的光线来保持其美妙的白色大理石斑纹（所有斑叶品种都如此），但要避免暴晒。

在野外，合果芋通常生活在半水生环境里，因此高湿度对它们来说不算什么，但适度浇水仍然是最好的，要确保它们不会长时间泡在装满水的托盘里。它们的半水生特性也意味着可以水培——它的茎条可以在几周内生根。天气温暖的日子里，定期对叶片喷水，每两周一次使用浓度减半的肥水，为它生长助力。

合果芋
Syngonium podophyllum

斑叶白锦合果芋
Syngonium podophyllum 'albo variegatum'

样本：孔叶龟背竹
Monstera adansonii

天南星科

ARACEAE

龟背竹属

Monstera

龟背竹属的名字在拉丁语中意思是“怪异”。该属有大约 50 种开花植物，叶形奇特壮观，为自然羽裂或穿孔。这些常绿蔓性植物是天南星科的成员，原产于美洲热带地区，是一种神奇的室内植物。

美味龟背竹（*Monstera deliciosa*）（俗称“瑞士奶酪”）无疑是该属的最著名代表，在全世界室内栽培植物中，它是最常见的。该属比较少见的品种，如孔叶龟背竹（*Monstera adansonii*），正迅速成为室内园丁的最爱。在野外，龟背竹中的佼佼者通过气生根攀援大树，可以长到 20 米的高度，但在室内龟背竹不太可能长到那么大。

与天南星科的其他成员一样，龟背竹能产生一种叫肉穗花序（spadix）的特殊穗状花序，由簇生的小花构成。虽然室内栽培的龟背竹不太可能开花，但请放心，仅凭其富有特点的叶片，龟背竹就可在您的室内植物园占据重要地位。

孔叶龟背竹

Monstera adansonii

俗名：瑞士奶酪藤

孔叶龟背竹，也叫仙洞龟背竹，比美味龟背竹更雅致，但同样壮观，如其名所示，它那心形的叶子上布满了孔。

养护匹配：
园艺能手

光照需求：
明亮散射光

水分需求：
中高

土壤要求：
透水性好

湿度要求：
高

繁殖方式：
茎插

生长习性：
攀援、垂蔓

摆放位置：
书架、花架

毒性等级：
有毒

孔叶龟背竹原产于中美洲和南美洲，人们经常将其与斜叶龟背竹（*Monstera obliqua*）混为一谈，但实际上后者的叶子更薄，洞更大，比孔叶龟背竹更加稀有。

孔叶龟背竹这种攀援植物最适宜明亮散射光，盆土要始终保持湿润，但不能积水。在透水性好的盆土中添加椰糠，有助于保持水分并防止积水。这种热带雨林植物喜欢高湿度，而居家环境可能湿度不够，因此，建议种植者定期喷雾，如果您想为它们创造更好的环境，加湿器将是理想的选择。缺乏营养的土壤不利于孔叶龟背竹的生长，因此最好每年给它换土。此外，在生长季节每隔几周使用半浓度肥水。

可塑性极强的孔叶龟背竹能以多种方式伸展，比如用小挂钩将其藤蔓固定在墙壁上任其攀爬，或者附着在支撑柱上直立生长，又或者让它从悬挂的花盆上垂下。但请注意，如果没有足够的支撑，它会徒长，叶片随之变小。将它们的藤蔓攀附在坚固的支撑柱上，孔叶龟背竹的长势会更好，叶片会更大。它们可以通过茎插繁殖，把生根的枝条种到母株的盆里，有密植效果。

美味龟背竹

Monstera deliciosa

俗名：瑞士奶酪

美味龟背竹是室内植物的中坚力量，园艺爱好者肯定会发现它作为室内园艺必备植物的价值所在。从墨西哥南部地区到巴拿马南部，都可见它们的身影，在野外，只要有它们的存在，就呈现出一幅美妙的热带景色。

养护匹配：
新手

光照需求：
明亮散射光

水分需求：
中

土壤要求：
透水性好

湿度要求：
中

繁殖方式：
茎插

生长习性：
攀援

摆放位置：
地面、花架

毒性等级：
有毒

美味龟背竹厚实的心形幼叶本身就很漂亮，渐渐长大后，叶子会具有美妙的开裂和孔洞，闻名遐迩的“瑞士奶酪”就这样成型了。

瑞士奶酪不仅外观漂亮，维护要求也较低。把它放置在一个可以享受到明亮散射光的地方，并有规律地浇水（表土 5 厘米变干就可以浇水），就能欣欣向荣地生长。美味龟背竹长势迅猛，所以一定要给予足够的空间。可以把美味龟背竹捆扎在坚固的木桩上面，让它攀附生长。

剪下带叶芽和气生根的茎水培或土培都可以，修剪下来的枝条可不要浪费了。

美味龟背竹学名的来源据说是因为它们在野外环境中能结出的“美味”的果实，尝起来像水果沙拉。室内条件很难让它结出果实，不过既然有那么好看的叶子可以欣赏，不结果也不算什么大损失。记得要不时定期擦拭叶子或洒水清洗，以保持大部分叶面无尘。另外，喷雾也有好处。

黄斑美味龟背竹

Monstera deliciosa 'borsigiana variegata'

俗名：斑叶瑞士奶酪

有时，某种植物会成为热门商品，这款备受追捧的斑叶龟背竹就是一例。

养护匹配：
园艺能手

光照需求：
明亮散射光

水分需求：
中

土壤要求：
透水性好

湿度要求：
高

繁殖方式：
茎插

生长习性：
攀援

摆放位置：
地面

毒性等级：
有毒

图为美丽的"黄斑美味龟背竹"。这种罕见的龟背竹因其独特的斑叶效果而备受推崇，是近年来最受追捧的植物之一。它们的叶色有着奇特的变异，好像是涂了漆，叶宽可以达到近一米，并且像普通的美味龟背竹一样，随着植株的成熟，叶片会形成孔洞。它的每片叶子都独一无二，带有非常漂亮的奶油色和绿色的图案。

与所有斑叶植物一样，黄斑美味龟背竹需要极其明亮的生长环境。因为叶子的非绿色区域无法吸收光线，这意味着它必须付出双倍的努力才能进行光合作用。而且只能接收散射光线，因为强烈的阳光会灼伤它那令人惊叹的叶子。它的生长速度比绿色美味龟背竹慢，但可以长到同样的高度，所以要确保它有足够的空间舒展枝叶。它对干旱的耐受性也不如绿色美味龟背竹；应保持土壤湿润但不能过于潮湿，排水透气性一定要好。

叶子的边缘有时会褐变，这种情况并不少见，特别是叶子的奶油色部分，可能是源于湿度低、浇水不足或晒伤。如果您真的想宠爱这位佳丽（您可能花了很多钱），那么蒸馏水或雨水是最好的选择。

除了黄斑美味龟背竹，其他市面上流通的斑叶龟背竹还有黄锦美味龟背竹（*M.deliciosa* var.*borsigiana* 'aurea variegata'）、洒金美味龟背竹（*M.deliciosa* 'Thai constellation',泰国星座）和最稀有的白锦美味龟背竹（*M.deliciosa* var.*albo variegate*）——一种生长异常缓慢且极其罕见的品种。

夕特龟背竹

Monstera siltepecana

俗名：银叶龟背竹

银叶龟背竹，产自墨西哥和中美洲的各地，是另外一种罕见的龟背竹。

养护匹配：
新手

光照需求：
明亮散射光

水分需求：
中

土壤要求：
透水性好

湿度要求：
高

繁殖方式：
茎插

生长习性：
攀援、垂蔓

摆放位置：
书架、花架

毒性等级：
有毒

这种热带藤本龟背竹在室内环境生长迅速、易于养护且外观漂亮。在野外，在从陆生幼苗成长为附生藤本植物的过程中，夕特龟背竹醒目的深绿色叶脉的银色幼叶，逐渐转变成深绿色的成熟叶，并长出作为龟背竹属植物共性的令人喜爱的孔洞。

这种雨林植物在室内生长时，要确保明亮的散射光线，湿润的土壤和高湿度的空气。当其需求得到充分满足时，就能飞速生长；但是在室内栽培环境下，它们通常会长期保持其幼态。就像孔叶龟背竹，悬挂的花盆、书架、花架都是不错的摆放条件。种在玻璃微景观生态瓶中也是常见的。

如果您的夕特龟背竹藤蔓长得狂野杂乱，则建议修剪一下，剪下来的茎干可以轻松繁殖。这种特殊的龟背竹市面上很难买到，因此，您家门口可能会有很多植物爱好者朋友排队要一根切茎。

竹芋科

MARANTACEAE

叠苞竹芋属和肖竹芋属

Calathea+Goeppertia

对于肖竹芋属，长期以来学术界一直存在争议，该属下许多种类曾被重新归入其近亲叠苞竹芋属。然而，2012 年左右进行的一系列基因测试表明，作为叠苞竹芋属的一个亚属，肖竹芋属实际上与叠苞竹芋属有不同的祖先，因此，肖竹芋属迎来了复兴，250 个物种被重新归入肖竹芋属。令人困惑的是，许多人甚至是苗圃，仍然将它们称为叠苞竹芋属植物，因此为方便起见，我们将这两个属归为一类。

叠苞竹芋属和肖竹芋属植物的叶子上都有令人难以置信的水彩图案，使它们具有很高的辨识度并广受追捧。它们的叶子从早到晚会有展开收拢的表现，仿佛舞影婆娑，美不胜收。由此它们通常又被称为“祷告竹芋”。可悲的是，原产于热带美洲的一些叠苞竹芋属和肖竹芋属品种在野外面临灭绝的威胁，这再次提醒我们，生态系统其实很脆弱，需要我们竭尽所能去保护它们。

节根竹芋

Calathea lietzei

俗名：孔雀竹芋

节根竹芋及其栽培变种确实引人注目，由此更需要特别的关注。

养护匹配：
园艺能手

光照需求：
明亮散射光

水分需求：
中

土壤要求：
透水性好

湿度要求：
高

繁殖方式：
分株

生长习性：
丛生

摆放位置：
桌面

毒性等级：
友好

对于节根竹芋这种拉丁美洲的高颜值植物来说，要保持着高湿环境，干燥会导致叶子的边缘褐化，破坏其美感。如果想用心对待它，最好为它配置一台加湿器，再不济也要经常给它喷雾，或者在托盘里加石子和水，这对它的生长也很有好处。

这里展示的是最常见的品种：白油画竹芋（*C.lietzei* ‘white fusion’），它的叶子看起来像是大师作品，有白色、浅绿色和深绿色的笔触，叶背面是紫粉色。

白油画竹芋能够在稍弱的光照条件下生长，要欣赏到如此受人喜爱的斑叶，一定要保证给予明亮的散射光，同时避免阳光直射。要保持土壤始终湿润，当盆土表层干燥时就要浇水，但一定要避免过度浇水。光照和水分一定要恰到好处，而这一切都要通过实践才能学会。

白油画竹芋相对于其他叠苞竹芋属植物来说有点难伺候，稍有怠慢，就会给您颜色看，但如果处理得当，稍受损的白油画还可以恢复健康，只需去除受损的叶子，定期浇水、喷雾即可。

洒金肖竹芋

Goeppertia kegeljanii

俗名：网脉竹芋
异名：马赛克竹芋（*Calathea musaica*）

网脉竹芋的亮绿色叶子上散布着一系列错综复杂的迷人条纹，颇似编织挂毯或彩色马赛克。

养护匹配：
园艺能手

光照需求：
明亮散射光

水分需求：
中

土壤要求：
透水性好

湿度要求：
高

繁殖方式：
分株

生长习性：
直立

摆放位置：
桌面

毒性等级：
友好

看着这些叶子时，网脉竹芋的图案矩阵真让人惊叹不已。

网脉竹芋来自巴西的热带雨林，是已知的肖竹芋属中最强悍的物种。和它的同宗兄弟不一样，网脉竹芋不需要高湿度，没必要纠结于是否需要每天给它浇水。它也不太容易滋生常见于喜湿植物的红蜘蛛。网脉竹芋的叶子具有蜡质层，能够锁住水分，所以它们也比某些肖竹芋属植物更能耐受明亮的光照，温和的晨光对它来说有益无害，午后的强烈日光则另当别论。适度浇水，表土5厘米变干再浇水。

每隔一到两年逢春时给网脉竹芋翻盆，这也是分株繁殖的好时机。我们建议将叠苞竹芋属和肖竹芋属的植物摆放在一起，一来它们千差万别的叶面图案能给人带来巨大的视觉冲击，二来还有助于保持湿度水平，三则方便同时检查所有这些植物。

青苹果竹芋

Goeppertia orbifolia

俗名：孔雀竹芋

青苹果竹芋长着带有银色条纹的亮绿色叶子，条纹随着幼叶长大而变宽变长，正如其俗名“孔雀竹芋”所示，这是一种美丽耀眼的植物。

养护匹配：
园艺能手

光照需求：
明亮散射光

水分需求：
中低

土壤要求：
保湿性好

湿度要求：
高

繁殖方式：
分株

生长习性：
丛生

摆放位置：
桌面

毒性等级：
友好

青苹果竹芋的叶片令人喜爱，它们可以为室内带来新鲜生动的气息，但请记住，要保持其美丽的外观可不容易。它们喜怒无常，需要接近于其自然栖息地的高湿度，可以肯定地说，湿度是养护这种植物最关键的因素。要确保远离冷风和空调装置，保证合适的湿度，可以采用装了水和鹅卵石的托盘，或者加湿器，或者与同样喜湿的植物放置在一起。

这种华丽的植物来自森林地面，能够耐受低光照条件，再加上明亮散射光的光照的话，它们则可茁壮成长。尽量避免阳光直射，尤其是午后的暴晒，以防灼伤叶子。浇水尽可能使用蒸馏水，并确保土壤保持相对湿润，但不能积水。浇水后不久，请务必倒掉托盘里的积水。春夏季每两周施一次半浓度液肥，用湿布将叶子擦干净。一般来说，我们建议不要对植物使用叶片增亮喷雾剂，对青苹果竹芋尤其如此，因为它的叶片很敏感。我们建议使用替代产品，如园艺油或生态油，可以获得相同的光泽效果而又无害。

青苹果竹芋可以每隔几年繁殖一次。春天时，轻轻地将它的根系一分为二，然后分别栽入新的盆土中，这样很快每个房间里都可以有一株青苹果竹芋了。

天南星科

ARACEAE

喜林芋属 / 蔓绿绒属

Philodendron

作为天南星科的第二大属，喜林芋属有接近 500 个品种，其中有许多品种非常适合在家中种植。这个名字来源于希腊语中的爱（philo）和树（dendron）。它们品种多样且郁郁葱葱，很吸引人的眼球。与天南星科的所有成员一样，喜林芋属植物是多叶的热带植物，它们的花为小花簇，有着肉穗花序结构，被称为“佛焰苞”的变态叶包裹着。它们的生活习性多种多样，有许多喜林芋属植物会最初生活在森林地面，慢慢向上攀援再转变为附生植物。大多数喜林芋的幼叶与成熟叶子有很大差异，但两者都很美。云母心叶蔓绿绒（*P. hederaceum* var. *hederaceum*，见第 093 页）有着华丽的、天鹅绒质感的叶子，而荣耀蔓绿绒（*P. gloriosum*，见第 097 页）的叶片则有着令人惊叹的白色叶脉。

无论处于什么生长阶段，这些热带植物都能以丰富的色彩取胜，因其不同的纹理质而吸引人们的注意，更有甚者以宏伟的长势让人折服。

样本：黑金杂荣耀蔓绿绒
（*Philodendron melanochrysum* × *gloriosum* ‘glorious’）

裂叶喜林芋

Philodendron bipennifolium

俗名：马头喜林芋 / 琴叶喜林芋

如果您正在寻找一种与众不同的喜林芋，那就看看裂叶喜林芋吧。它们的绿色叶片形大而有光泽，状似小提琴，因此得名马头喜林芋、琴叶喜林芋。

养护匹配：
新手

光照需求：
明亮散射光

水分需求：
中

土壤要求：
透水性好

湿度要求：
中

繁殖方式：
茎插

生长习性：
攀援

摆放位置：
书架、花架

毒性等级：
有毒

裂叶喜林芋被称为半附生植物，这意味着它一开始长在泥土里，然后依附在树上依靠长茎和气生根爬上雨林的树冠，所以这种快速生长的热带植物如果依附支撑柱生长状态会最好。

琴叶喜林芋原生于巴西南部、阿根廷和玻利维亚的热带雨林，需要明亮的散射光照才能茁壮成长。表层 5 厘米的土壤干燥后再浇水，每次浇水都要浇透，积水要及时排走。保持大叶片清洁无尘有助于良好的光合作用，建议每隔几年翻盆换土，但不需要每次都换大号盆，因为植物的根部缠绕会更有益于生长。与所有喜林芋一样，它们有毒性，因此不要让宠物和小孩碰触。

铂金喜林芋

Philodendron ‘birkin’

俗名：铂金金钻蔓绿绒

花买啤酒的钱，可以品尝到香槟的味道？名牌手提包可能过时，而铂金金钻蔓绿绒魅力永恒，也不会掏空您的钱包。

养护匹配：
新手

光照需求：
明亮散射光

水分需求：
中

土壤要求：
透水性好

湿度要求：
低

繁殖方式：
茎插

生长习性：
垂蔓

摆放位置：
书架、花架

毒性等级：
有毒

铂金金钻蔓绿绒那深绿色的叶子上点缀着乳白色的细条纹，这种时尚的植物将为您的室内花园增添一丝华丽气质。它是一种新近培养出来的杂交种，因此，对成株的高度尚不能确定，在50~100厘米。不管怎样，它都是一种生长缓慢且株型紧凑的喜林芋。

同该属中的大多数植物一样，铂金金钻蔓绿绒的维护成本很低。明亮的散射光非常有助于其保持叶子清晰的花斑色。盆土最好是透水透气。它可以耐受较为干燥的条件，在大多数湿度不高的室内环境里，它们也可茁壮成长。春夏两季，定期施肥将有利于发芽抽枝。

“白公主”红苞喜林芋

Philodendron erubescens ‘white princess’

俗名：白公主蔓绿绒

白公主蔓绿绒，被冠以皇家公主之名，虽然无须屈膝行礼，相信您一定会被它尊贵华丽的风姿所折服。

养护匹配：
新手

光照需求：
明亮散射光

水分需求：
中

土壤要求：
透水性好

湿度要求：
中

繁殖方式：
分株

生长习性：
丛生、垂蔓

摆放位置：
桌面

毒性等级：
有毒

白公主蔓绿绒是哥伦比亚本土的“公主”，大片的绿叶上点缀着如水泼溅的白色，这让它在一片绿色的植物海洋中很有存在感。它生长相对缓慢，成熟后可以用支撑柱辅助生长，或随其垂蔓。虽有皇室名号，但这位公主不需要大费周章地伺候。充足的明亮散射光是必需的，这样才能保证那些叶子上的美丽图案不会消失。浇水要适度，盆土需透水性好，且表层5厘米的土壤需保持干燥。可能的话，尽可能维持相对较高的湿度。

定期喷雾，或者把花盆置放在铺有鹅卵石并加了水的托盘里，方能换得这位“公主”的欢心。白公主蔓绿绒不耐寒，因此要预防气温骤降和霜冻。定期用湿布擦拭叶子，一个月左右冲洗一次，确保叶面没有灰尘，这样用心保养，它的生长可以更加繁盛。

园艺爱好者们可能还希望拥有色彩更艳丽的蔓绿绒，当白公主蔓绿绒的粉丝遇见“粉色公主”和“橙王子”蔓绿绒时，他们将同样为之倾倒。这些色彩缤纷的王室贵胄，确实以其充满活力的色彩丰富了室内园艺小世界。

“橙王子”蔓绿绒
Philodendron erubescens ‘prince of orange’

“粉公主”蔓绿绒
Philodendron erubescens ‘pink princess’

心叶攀援喜林芋

Philodendron hederaceum

俗名：心叶蔓绿绒

心叶蔓绿绒有着最让人惊艳的心形叶子，谁见到这个小甜心，都会一见钟情。

养护匹配：
新手

光照需求：
明亮散射光

水分需求：
中

土壤要求：
透水性好

湿度要求：
中

繁殖方式：
茎插、分株

生长习性：
攀援、垂蔓

摆放位置：
书架、花架

毒性等级：
有毒

心叶蔓绿绒是一种半附生植物，其攀缘和垂蔓的能力令人惊叹。层层叠叠的绿色叶子能够完美柔化书架的坚硬感；如果给予支撑，它们同样能茁壮地向上生长。它的维护成本极低，无须投入大量的心力，就能欣赏到可爱的心形叶子，不仅如此，这些植物还有助于净化室内空气中的有毒物质，如甲醛和苯。

粗心大意的种植者可以放心大胆地种一盆心叶蔓绿绒，即使疏于照顾，也无损它的长势。心叶蔓绿绒最爱明亮的散射光，同样也能容忍较暗的光照，自信而从容，仿佛天生的赢家。它们可以忍受短暂的干旱，要等到土表5厘米的土壤变干时，再给它浇透，这样干湿循环，对生长极有好处。记得定期修剪，有利于株型的整洁和叶片的增厚，使生长更旺盛。心叶蔓绿绒的茎条在水中很容易生根，您可以把幼苗当作礼物，馈赠给朋友和家人，一起分享幸福与爱。和所有的喜林芋一样，心叶蔓绿绒有毒，所以一定要确保种植在小宝宝和宠物都触及不到的地方。

巴西金线蔓绿绒

Philodendron hederaceum 'Brasil'

俗名：杏叶蔓绿绒 / 杏叶藤

心叶蔓绿绒已是极致甜美可爱，但巴西金线蔓绿绒的变色叶的风致却又不输心叶蔓绿绒的那份经典美感。

养护匹配：
新手

光照需求：
明亮散射光

水分需求：
中

土壤要求：
透水性好

湿度要求：
中

繁殖方式：
茎插

生长习性：
攀援、垂蔓

摆放位置：
书架、花架

毒性等级：
有毒

杏叶藤的叶子与巴西国旗几乎同色，这是一种名副其实的低维护植物，即使是辣手摧花的新手小白，这种室内植物也能轻松上手。

它的养护要求与其他绿色喜林芋属植物并无多大不同。它能接受各种光照条件，唯一的要求是大量明亮的散射光，这样才能锁定叶片的斑驳色彩，而美丽的叶片正是人们购买它的原因。在最佳条件下，杏叶蔓绿绒繁殖能力很强，能长出垂及地面的藤蔓，如同瀑布一般。把它置于花架上或吊盆中，藤蔓就能自然愉快地垂曳下来。打顶（把顶梢的茎掐掉）可以促进叶片生长。

杏叶蔓绿绒对水的需求量适中：大约每周浇一次透水就可以，下次浇水需等盆土表层 2~5 厘米变干。这类低维护的室内植物适应能力很强，偶尔照顾不周也没问题，但建议最好坚持定期浇水。

心叶蔓绿绒变种

Philodendron hederaceum var.hederaceum

俗名：天鹅绒蔓绿绒

这种垂蔓的喜林芋有着优雅繁茂的青铜色心形叶子。叶子展开后有红铜色光泽，在光线下瞬间变色，呈现出带有红铜色的深翠绿色。

养护匹配：
新手

光照需求：
明亮散射光

水分需求：
高

土壤要求：
透水性好

湿度要求：
高

繁殖方式：
茎插

生长习性：
攀援、垂蔓

摆放位置：
书架、花架

毒性等级：
有毒

此外，天鹅绒蔓绿绒的叶片轻薄且有金属光泽，在光线下而熠熠生辉。它的俗名中带有天鹅绒一词，正是描述了它的这种不同寻常的质感。

天鹅绒蔓绿绒漂亮且不需太多的维护。在明亮的散射光线下长势茂盛，也能适应弱光条件。在温暖的月份，土壤要始终湿润，在表层土壤干燥时浇水。秋冬两季因为生长缓慢，这时要少浇水。

天鹅绒蔓绿绒常被误称作云母蔓绿绒（*Philodendron* ‘micans’）或云母心叶蔓绿绒（*Philodendron hederaceum* ‘micans’），可能是因为它的实际名称有点复杂。然而，撇开名字不谈，无论是攀附在支撑柱上生长，还是爬在墙上，或是垂蔓生长，它都表现良好。如果这些藤蔓太长且有些凌乱，只需将它们修剪成型；繁殖新株、馈赠亲友，只需将茎条置于水中生根即可。它们不耐寒，低温会导致落叶。

黑金杂荣耀蔓绿绒

Philodendron melanochrysum × gloriosum 'glorious'

俗名：荣耀蔓绿绒

这种相对稀有的植物极受追捧，理由很充分。给予适当照顾，它可以成为令人瞩目的室内植物。

养护匹配：
园艺能手

光照需求：
明亮散射光

水分需求：
高

土壤要求：
透水性好

湿度要求：
高

繁殖方式：
茎插

生长习性：
攀援

摆放位置：
书架、花架

毒性等级：
有毒

黑金杂荣耀蔓绿绒，名不虚传！凯斯·韩德森（Keith Henderson）在20世纪70年代培育出了这种荣耀蔓绿绒和黑金蔓绿绒的杂交种，其天鹅绒般的叶子在光照下熠熠生辉，非常华丽壮观。在色泽浓郁的绿叶上，白色叶脉错落有致，这种质感使得它广受欢迎。

黑金杂荣耀蔓绿绒要种在透水性好的盆土中，土壤始终保持湿润，但不能积水。它对湿度要求也很高，因此建议定期喷雾。和所有的喜林芋属植物一样，最佳光照条件是明亮的散射光，要避免直射光灼伤那些可爱的叶子。水苔柱是这种藤蔓性室内植物的理想支柱，如果您喜欢让荣耀蔓绿绒直立生长，请为它提供水苔柱，它一定会有强劲的长势。

掌叶喜林芋

Philodendron pedatum

俗名：橡叶蔓绿绒

如果您喜欢大叶子的攀缘植物，那么橡叶蔓绿绒就是您的最佳选择。

养护匹配：
新手

光照需求：
明亮散射光

水分需求：
高

土壤要求：
透水性好

湿度要求：
中

繁殖方式：
茎插

生长习性：
攀援

摆放位置：
地面

毒性等级：
有毒

掌叶喜林芋原产于巴西和委内瑞拉，俗名橡叶蔓绿绒，顾名思义，叶子形状类似于橡树叶，有多处深裂，叶面光泽，生长茂盛，带有深脊，质感强，别有意趣。与所有垂蔓喜林属植物一样，这种室内植物需要足够的生长空间和攀援的支柱。好好地照顾一株掌叶喜林芋的幼苗，它的叶片长度可达30厘米！

橡叶蔓绿绒还很容易维护，适合不同水平的室内养植者。将其种植在排水性、通气性好的盆土中，当表层5厘米的土壤变干时，就要浇透水。橡叶蔓绿绒性情随和，不挑环境，各种条件下都能成活，但如放在有充足的明亮散射光照的位置，它们可以更加茁壮地生长。春夏每月施肥，要不时擦拭叶片，以免积尘，这样精心养护，它就能快速生长。

索迪罗杂荧光蔓绿绒
Philodendron sodiroi × Philodendron verrucosum

这种别具一格的杂交种蔓绿绒植物不知是谁最先培育出来的，但可以肯定地说，培育者不是天才就是幸运儿，因为这种喜林芋属植物绝对可以称得上“雄伟”。它兼顾了两种亲本植物（索迪罗蔓绿绒和荧光蔓绿绒）的特征，是一种美丽罕有的植物，最适宜在高湿度的温室中生长。

黑金蔓绿绒 / 绒叶喜林芋
Philodendron melanochrysum

绒柄蔓绿绒

Philodendron squamiferum

俗名：红毛柄蔓绿绒 / 红腿毛

绒柄蔓绿绒有个特别之处是它的茎和刚毛都带红色，该植物也因此俗称“红毛柄蔓绿绒”。

养护匹配：
新手

光照需求：
明亮散射光

水分需求：
中

土壤要求：
透水性好

湿度要求：
中

繁殖方式：
茎插

生长习性：
攀援

摆放位置：
桌面、地面

毒性等级：
有毒

红毛柄蔓绿绒的茎起初呈淡黄绿色，渐渐变成红色，表皮长出标志性的绒毛。叶子有五种大相径庭的形状，随着植物的成熟，其不同之处更加明显。它原生于哥伦比亚、秘鲁和巴西，适应性强，各种条件都能应对（只要温暖一点就行），在室内环境中可以生长得很好。

养护时将其放置在明亮的散射光线下，避免强烈的阳光灼伤其光滑的叶子。它对水分要求不高，土表层5厘米变干时浇水即可。作为热带雨林植物，每周喷雾一次对其有好处，要用干净的布或软毛刷定期清洁那些丰美的大叶子，保持叶面清洁。

钻叶蔓绿绒亚种“刚果”

Philodendron tatei ssp.melanochlorum ‘Congo’

俗名：刚果蔓绿绒

钻叶蔓绿绒“刚果”栽培变种具有直立生长的特点，与白公主蔓绿绒非常相似，喜好向外、向上生长，高度和宽幅最大能达约 60 厘米。

养护匹配：
新手

光照需求：
明亮散射光

水分需求：
中

土壤要求：
透水性好

湿度要求：
中

繁殖方式：
茎插

生长习性：
丛生

摆放位置：
地面、遮阴的阳台

毒性等级：
有毒

市面上出售的刚果蔓绿绒有各种各样的颜色，是种植者新近培育出来的几种喜林芋之一。

“红刚果”蔓绿绒拥有引人注目的大叶子，先是呈红铜色，随着成熟，逐渐变成深酒红色，最后是深绿色，茎和叶柄保持浓郁的红色色调；而普通的刚果蔓绿绒叶子全部为绿色，叶缘光滑，呈椭圆形。

这种耐寒和低需求的喜林芋植物很容易照顾。只要不是非常冷的环境，它们几乎都能存活。因此，无论在室内还是有顶棚的阳台，它们都能生长良好。明亮的散射光对它来说是最好的光照条件（红刚果则需要大量的明亮散射光照）。短时间的干旱对它来说不成问题，不过当土表 5 厘米土壤干燥时，就可以浇水了，这种浇水频率对它的生长来说可谓最理想。切记，当刚果蔓绿绒暴露在强光下时，需要增加浇水次数。

鱼骨喜林芋

Philodendron tortum

俗名：鱼骨钥匙蔓绿绒

鱼骨喜林芋原生于哥伦比亚和巴西，并非寻常的室内植物。多茎叶且细长，像鱼骨架，又像万能钥匙，因此俗称“鱼骨钥匙蔓绿绒”。

养护匹配：
新手

光照需求：
明亮散射光

水分需求：
高

土壤要求：
透水性好

湿度要求：
高

繁殖方式：
茎插

生长习性：
攀援

摆放位置：
桌面

毒性等级：
有毒

它的新叶舒展如开瓶器，散发出独特的美感。在鱼骨蔓绿绒身上，您可以领略到雕塑的美和质地的美，正是这样的美感体验让它独树一帜。

在野外，作为一种附生藤本植物，幼苗期的鱼骨蔓绿绒在地面上生活，成熟后沿着树干一直爬到树冠之上。在家里，您可以用桩子支撑它，让藤蔓攀附着自由生长。虽然鱼骨蔓绿绒很稀罕珍贵，但它们并不娇气，在室内能茁壮生长，很少挑剔环境。原生鱼骨蔓绿绒对寒冷非常敏感，而那些通过组织培植出来的鱼骨蔓绿绒耐寒性则很强，在寒冷的冬天，不过是损失几片叶子，通常不会休眠。

像大多数喜林芋一样，它喜欢在有大量明亮散射光的环境下生活。将其种在透水又透气的土壤里，待表土5厘米变干时就浇透水，浇水30分钟后切记要清空托盘里的积水。鱼骨蔓绿绒的叶子呈锯齿状，照料它时一定要小心，避免被锯齿擦伤或刺到。

苦苣苔科
GESNERIACEAE

芒毛苣苔属
Aeschynanthus

芒毛苣苔属由 150 种亚热带和热带植物组成，它们大都是花色鲜艳的爬藤附生开花植物，其拉丁语属名 *Aeschynanthus* 是 aischuno（感到羞耻）和 anthos（花）的组合。“羞花”是该属的统称，就像海芋属（*Alocasia*）植物都叫“象耳芋”，花烛属（*Anthurium*）植物都叫“火鹤花”。

这个属的植物种类繁多。一部分的叶子有厚实的角质层，质地光滑，另一些叶子柔软些；然而，最常作为室内植物种植的品种，包括长茎芒毛苣苔（*A. longicaulis*）和毛萼口红花（*A. radicans*），外观相似，一并被称为口红花，因发育的花蕾形似口红而得名。这个属的种类以叶和花的不同颜色而区分，它们的养护要求几乎相同。因为来自热带，这些美丽的植物喜欢潮湿温暖的环境，冬季需要经历短暂的冷凉环境，来促使来年开花。

养护匹配：
新手

光照需求：
明亮散射光

水分需求：
中

土壤要求：
透水性好

湿度要求：
中

繁殖方式：
茎插

生长习性：
丛生

摆放位置：
地面、遮阴的阳台

毒性等级：
有毒

毛萼口红花

Aeschynanthus radicans

俗名：口红花

口红花的叶片呈卵形，质地光滑，对称层叠，联级而下，野外种枝条可以长到 1.5 米，在室内生长受限，最佳条件下可以长到 90 厘米。它的花萼呈紫红色或酒红色，在室内植物中相当惹眼。

照料得当，口红花在室内也能长势旺盛。它原产于马来西亚和印度尼西亚的潮湿热带地区，喜欢高湿环境，可以通过定期喷雾来实现。它在自然环境中攀附在其他树木上生长，搬入室内后，需要把它栽入透气和透水的盆土中，这是生长良好的前提。它还可以培植在粗糙的软木质树皮或木板上（就像兰花那样），但一定要注意，这种情况下需要增加浇水频率以保证充足的水分。

对于枝叶浓密的口红花，待开花结束后，可用锋利的修枝剪修剪长茎（保留原来长度的三分之一左右），这样可以促花，防止徒长，保持精美的形态。

样本：“坦尼克”花叶橡皮树
Ficus elastica ‘tineke’

桑科

MORACEAE

榕属 / 无花果属

Ficus

该属由 850 多个物种组成，以可食榕果 / 无花果（fig）为名。它们大部分是常绿植物，主要来自非洲和亚洲的热带地区。原来是生活在森林地面半阴暗环境，非常适合人类的家居条件。从光亮而结实的橡皮树（*Ficus elastica*，参见第 127 页）到神圣而诱人的孟加拉榕（*Ficus benghalensis*，参见第 120 页），这些美丽的热带雨林植物已成为我们身边最受欢迎的室内盆栽。这毫不奇怪，因为它们不仅有非凡的树叶，而且还有空气净化功能，让人们无法抗拒其魅力。

孟加拉榕“奥黛丽”

Ficus benghalensis ‘Audrey’

俗名：孟加拉榕

孟加拉榕在其故乡印度很受崇敬，又称印度榕树。

养护匹配：
新手

光照需求：
明亮散射光

水分需求：
中

土壤要求：
透水性好

湿度要求：
中

繁殖方式：
茎插

生长习性：
直立生长

摆放位置：
地面

毒性等级：
有毒

这种枝繁叶茂的巨型植物是世界上树冠面积最大的树木之一，它们为原生环境中的其他植物提供了很好的荫蔽环境。

在室内，孟加拉榕作为大空间的生活或工作区域的特色植物，装饰效果极佳。这种令人愉快的观赏树能提供良好的空气净化功能，与更有名气的无花果树不分伯仲。其绿色椭圆形叶子郁郁葱葱、光彩夺目，淡绿色的叶脉分布其上，有强烈的对比效果。人们喜欢孟加拉榕，主要就是喜欢它雄壮的树干和浓密的树冠。

孟加拉榕和它的表亲大琴叶榕（*Ficus lyrata*）相比，耐受力更强，能适应不规律的浇水以及温度、湿度的波动变化。在明亮的散射光线下，它能够茁壮成长；强光、弱光也能接受。这么看来，孟加拉榕何止是进退有度，简直是随遇而安！夏季，用半浓度的肥料为孟加拉榕施肥，可以促进生长；天气转凉后，它的生长放缓，停止施肥。值得注意的是，它的汁液毒性较大，所以修剪时要小心，不要让儿童和宠物触及。

本杰明榕

Ficus benjamina

俗名：垂叶榕

垂叶榕纤细的枝条上垂挂着精致的叶子，它的俗名来自于其下垂的枝条。讽刺的是，垂叶榕这个俗名还暗示了它有易落叶的毛病，就这点来说，垂叶榕的确算得上是一种难养的榕树。

养护匹配：
园艺能手

光照需求：
明亮散射光

水分需求：
中

土壤要求：
透水性好

湿度要求：
中高

繁殖方式：
茎插

生长习性：
直立生长

摆放位置：
地面

毒性等级：
有毒

有多种因素会给这种敏感的无花果属植物带来压力，并引起落叶。垂叶榕会毫不犹豫地通过落叶来表现它的不良状态，通过这种方式，种植者就要意识到它可能出了什么问题，要将可能因素一一排除才行。令垂叶榕的落叶原因多种多样，如浇水的不足或过度、改变位置、虫害、干旱，等等。

虽然养护麻烦，但是只要给予明亮的散射光照，规律地浇水，在土表 2~5 厘米变干时就给它浇水，美丽的垂叶榕长势就会非常迅猛，进行有效的空气净化，热情回报细心照顾它的园丁。通过定期喷雾，可以让垂叶榕的生长环境维持较高的湿度。春夏每月施肥一次，可促使其更好地生长。

长叶榕

Ficus binnendijkii

俗名：柳叶榕

这种高大秀丽的榕树，其叶薄尖削长，呈深橄榄色，比例优雅，与澳大利亚桉树叶有些类似。

养护匹配：
新手

光照需求：
明亮散射光

水分需求：
中

土壤要求：
透水性好

湿度要求：
中

繁殖方式：
茎插

生长习性：
直立生长

摆放位置：
地面、遮阴的阳台

毒性等级：
有毒

长叶榕是一种理想的盆栽植物，遮阴的阳台是完美的养植区域。

它的生长速度相当缓慢，但无论植株大小，形态都很美丽。柳叶榕枝叶茂密，随着长大，下部枝条上的叶子会脱落，露出木质的树干。为了促进生长，建议每两年冬末翻盆换土，切记每次翻盆时都只换大一号的花盆，不能一下子换大几号的盆，因为它们的根部喜欢贴着花盆生长。柳叶榕喜爱明亮的散射光，也能忍受低光照。

亚里矮垂榕（*Ficus*‘alii petite’）是新近开发出来的一种栽培变种，在野外不存在。这是一种很棒的室内植物，作为矮化品种，它并不难照料。它既不会轻易落叶（除非严重过度浇水或浇水不足），也比较能抵抗病虫害。然而，它的汁液还是有毒的，对宠物来说，确实是个不安全因素。春夏两季，每月为它施一次半浓度的液肥，可让它保持最佳状态。

绿叶印度橡胶榕
Ficus elastia ‘robusta’

印度橡胶榕

Ficus elastica

俗名：橡皮树

印度橡胶榕长着富有光泽的革质厚叶，植株高大茂盛，是榕属中的粗壮品类。它有直立生长的习性，非常适合放置在地面上。把大株的橡皮树摆放在明亮的角落或有遮蔽的阳台上，很有气势。

养护匹配：
新手

光照需求：
明亮散射光

水分需求：
中

土壤要求：
透水性好

湿度要求：
中

繁殖方式：
茎插

生长习性：
直立

摆放位置：
地面

毒性等级：
有毒

这种强健的榕树维护要求低，即使照料略有不周也无伤大雅。橡皮树缺水时，叶子会萎蔫，如长时间干旱，它的叶子会卷曲。只要有规律地浇水，这样的情况就不会出现。大约每周一次浇一次透水就行，当表土5厘米变干，就及时浇水。橡皮树的大叶子很容易蒙上灰尘，因此要经常用湿布擦拭。定期喷水或生态油，叶子会更加有光泽，还能防病虫害。避免冷热气流的侵袭，因为它对温度的剧烈变化很敏感。与所有榕属植物一样，无论是触碰还是误食，其汁液对人都有刺激性，因此请让它远离那些爱闯祸的宠物和好奇心爆棚的小家伙们。

橡皮树的种类繁多，从斑驳奶油色、绿色、腮红色相杂的“坦尼克”花叶橡皮树，到具有变化莫测的红色调的“红宝石”橡皮树。有了它们，您的室内丛林更显得色彩斑斓，妙趣横生。请记住，为了保持叶片的斑块色彩，花叶橡皮树比他们的近亲绿叶橡皮树需要更多的光照。

“坦尼克”花叶橡皮树
Ficus elastica ‘ tineke’

黑金刚橡皮树
Ficus elastica 'burgundy'

大琴叶榕

Ficus lyrata

俗名：琴叶榕

琴叶榕长着小提琴形状的丰满叶子，一直是室内杂志的宠儿，这种复古情调植物向来颇受欢迎。

养护匹配：
园艺能手

光照需求：
明亮散射光

水分需求：
中

土壤要求：
透水性好

湿度要求：
中高

繁殖方式：
茎插

生长习性：
直立

摆放位置：
地面

毒性等级：
有毒

无论是枝叶繁茂的灌木琴叶榕，还是“棒棒糖”独杆琴叶榕，都以其优美的线条取胜。许多植物爱好者都是在不知不觉中，疯狂地爱上了这种美丽的榕树。好不容易得来一株，带回家后没几周，却发现它美丽而娇弱。但是为了它美妙的姿容，心甘情愿地付出努力终能得到垂青。

琴叶榕对光照的要求相对较高，散射光照是最好的，直射阳光会灼伤叶子。每周一次浇透水通常就足够了，待表土 5 厘米已经完全干燥再浇水。琴叶榕喜欢高湿度，但是暖气和空调制造的干燥空气会伤害到它，并容易导致滋生红蜘蛛等吸食汁液的害虫。

要定期清洁琴叶榕的大叶子。在叶片上喷洒生态油，有助于预防害虫，还能使叶面更有光泽。此外，因为植物有趋光性，如果将琴叶榕的一侧固定朝向光源会造成生长偏侧，所以要定期转动花盆，促使长势均衡。

一旦把它安顿在明亮的位置，并细心照顾，琴叶榕就可以快乐生长，高度可达到天花板，这时您只需确保空间足够容纳这棵生机盎然的室内绿植。

大头榕

Ficus petiolaris

俗名：岩榕

大头榕长着肥大的茎基，它的叶子光彩照人，叶脉呈粉红色，因为这抹红，它在众多榕树中脱颖而出，独树一帜。

养护匹配：
新手

光照需求：
明亮散射光

水分需求：
中

土壤要求：
透水性好

湿度要求：
中

繁殖方式：
茎插

生长习性：
直立生长

摆放位置：
地面

毒性等级：
有毒

岩榕，原生于墨西哥。顾名思义，岩榕生长在多岩石的地区，其根部在岩石上伸展以寻找土壤。

这种榕树被称为“壶形植物”或“脂肪树”，它们肿大的根茎，能用于储存能量和水，让它能在贫瘠缺水的环境中存活。因此，等到表土 5 厘米变干再给它浇水，因为它比大多数植物更能忍受干燥。岩榕在幼苗期就发育出了粗壮的茎基，这让它成为一种深受欢迎的盆景树种。

岩榕是极好的室内植物，维护轻松。只要盆土透水性好，放置在明亮散射光的地方，就能长势强健。各种大小的岩榕都很可爱，如果您想让它长得高大，那么就把它搬到宽敞的地方，给它足够的伸展空间，记得气温转暖的时候要勤施肥。

爵床科
ACANTHACEAE

网纹草属
Fittonia

贴着地面蔓生的网纹草属植物原产于南美热带雨林，叶茎短矮，形态娇小，整个植株高度只有大约 15 厘米，因而是居室空间较小的园艺爱好者的福音。

网纹草的叶子有黄色、绿色或者红色，银白色、红色或粉红色的叶脉如网纹交错。各种网纹草摆放一起如彩虹般绚烂。网纹草属的三个成员中，大网纹草（*Fittonia gigantea*）的叶子最大，颜色较淡雅，而红网纹草叶子（*Fittonia verschaffeltii*）的颜色则可能最浓艳。

养护匹配：
新手

光照需求：
中低

水分需求：
中

土壤要求：
透水性好

湿度要求：
中

繁殖方式：
茎插

生长习性：
丛生

摆放位置：
桌面

毒性等级：
友好

白网纹草

Fittonia albivenis

俗名：神经草

作为网纹草三剑客之一，白网纹草叶子虽小，却颇具视觉冲击力。它的叶脉通常呈白色，有时也会有粉红色或者红色，与绿叶相映成趣。它原生于玻利维亚、巴西、哥伦比亚、厄瓜多尔和秘鲁的热带雨林，茎呈匍匐状生长；盆栽时，通过修剪，可以保持小巧紧凑的外观；如果放任不管，它的枝叶会长到花盆边缘之外。

与和平百合类似，网纹草缺水的症状表现为叶片极度下垂。不要让它干透，在表土层 2 厘米变干时及时补水。同时，也切勿让网纹草的托盘积水。它在明亮散射光下长势旺盛，但对低光照条件也有很强的耐受性，甚至荧光灯下也能存活。网纹草不需要太多施肥，每月补充一次半浓度液肥即可。

由于株型小又偏好较高湿度，网纹草在玻璃微景观生态瓶里生长极好。作为一种装饰性的观叶植物，网纹草的花朵颇不受重视，许多种植者会在花朵萌发的时候就剪掉，这样整株植物就不会在花朵上“浪费”能量。总而言之，这些小家伙维护简单，能为室内小花园增加一种平面美感。

鹤望兰科

STRELITZIACEAE

鹤望兰属

Strelitzia

鹤望兰是一个知名度高但相对较小的属，属以下只有 5 个种类，通常以天堂鸟、极乐鸟或者冠顶鹤为俗名，因为鹤望兰色彩鲜艳的花朵形似这些鸟类。鹤望兰是亚热带植物，原产于南非，南非 50 分硬币的背面就是鹤望兰，鹤望兰也是洛杉矶的市花。

该属的拉丁名是为纪念英王乔治三世的王后夏洛特，她出生在德国北部的梅克伦堡 - 施特雷利茨公国。作为一名业余植物学家，她帮助扩建了著名的伦敦邱园，因此获得了这项殊荣。

鹤望兰是由鸟类而不是昆虫授粉，这可以称为是自然和进化的智慧表现。当小鸟停驻在鹤望兰狭长的改性花瓣上时，它的体重会让花朵展开，花粉会轻柔地黏在鸟的脚爪和羽毛上。然后带着这些花粉，鸟儿飞到另外一朵鹤望兰花上完美完成了授粉！

尼古拉鹤望兰

Strelitzia nicolai

俗名： 大鹤望兰、白花天堂鸟

尼古拉鹤望兰是鹤望兰属中最高的品种，在最佳的户外条件下，可达到 10 米的高度。室内种植时，大部分高大的植株能达到 2 米左右。

养护匹配：
新手

光照需求：
明亮散射光

水分需求：
中高

土壤要求：
透水性好

湿度要求：
低

繁殖方式：
分株、吸芽

生长习性：
丛生

摆放位置：
地面、遮阴的阳台

毒性等级：
微毒

白花天堂鸟有着灰绿色的革质大叶子，待它成熟时，灰黑色的佛焰苞中能开出壮观的蓝白色花朵。遗憾的是，在室内它不太可能开花，除非全天接受大量的阳光直射。白花天堂鸟需要大量的能量来生长叶片，所以要使用肥沃的土壤，并在生长季节两周一次施用液肥。如果想让它加快生长，建议在盆土表面添加缓释肥，作为一项追肥措施。值得注意的是，只有在无法翻盆而且盆土已缺失养分的时候才需要追肥。

鹤望兰喜欢温暖环境和中低湿度，因此，一般而言，室内环境对于鹤望兰来说是完美的。要深浇，把盆土浇透，倒掉托盘的积水。春夏两季，盆土表层2~5厘米变干时再浇水；冬季时，可以等土壤再干一点。如果您够强壮，能够搬动较重的花盆，在暴风雨天气，可以将鹤望兰盆栽搬至户外，因为跟自来水相比，鹤望兰更喜欢蒸馏水性质的雨水。

可以用湿布擦拭或用水冲洗叶片，切记它们很容易裂开，所以动作要尽量轻柔。如果叶子真的裂开了，也不要担心，因为这是一种自然现象，不会影响植物的健康。使用生态油擦拭鹤望兰的叶子，使它保持光泽，而害虫也会因此退避三舍。不过，涂抹过生态油的叶子绝对不能暴露在阳光直射下，要提前擦拭干净。

小鹤望兰

Strelitzia reginae

俗名：天堂鸟花

小鹤望兰是一种悦目的室内植物，也易于养护。它直立生长，比较高大，叶子呈灰绿色，形状像船桨，从叶子里生长出橙、红和帝王蓝三种颜色的花朵，其俗名“天堂鸟花”就是对其花形花色的最佳描述。

养护匹配：
新手

光照需求：
明亮散射光

水分需求：
中

土壤要求：
透水性好

湿度要求：
低

繁殖方式：
分株

生长习性：
丛生

摆放位置：
地面、遮阴的阳台

毒性等级：
微毒

小鹤望兰于1773年首次引入英国，植物学家约瑟夫·班克斯（Joseph Banks）爵士于1788年在邱园正式引介给大众。从那时起，无论是室内盆栽还是户外栽培，鹤望兰都非常受欢迎，加利福尼亚的很多街道两边就种了鹤望兰，作为室内植物则走入了世界各地的千家万户。

小鹤望兰的需求较低，它们能耐受半耐旱，但尽量坚持定期浇水。尤其是在夏季，当盆土表层5厘米变干时，就要浇一次透水，冬季则相应减少浇水频次。小鹤望兰的根不能泡水，所以浇水后一定要倒掉托盘里的积水。在温暖的月份，每三周使用一次半浓度的液肥。

虽然小鹤望兰在室内通常不会开花，但如果它享受到了足够的直射阳光，也不是绝无可能，您有可能成为那个幸运儿哦。但是，如果小鹤望兰不开花，也千万不要失望，因为它的叶子已经很美丽，尤其待它成熟，放在客厅或有顶棚的阳台，一定非常壮观。无论开不开花，都记得让小鹤望兰享受到一定量的直射阳光，柔和的晨光尤佳。

为了保持植株整洁，建议去除残花败叶，并用湿布擦拭叶面。虽然小鹤望兰不是生长最快的陆生植物，但它们的根系确实粗壮结实，生长速度极快，很容易爆发式生长（就像是绿巨人一样不可思议）。因此，建议在初春翻盆，换个大盆给根系足够的生长空间。不要使用瓷盆，因为瓷盆不透气容易成为植物杀手，建议把它种在较大的塑料花盆内，然后再套一个装饰盆。

秋海棠科

BEGONIACEAE

秋海棠属

Begonia

秋海棠属以 17 世纪的法国自然学家、狂热的植物收藏者米歇尔·贝贡（Michel Bégon）命名。秋海棠属的生物多样性出奇地强大，其甜美的花朵和美妙的叶子深受人们的青睐。秋海棠的叶子有形形色色的形状、纹理、叶缘和颜色，有的像螺旋状的蜗牛壳，有的具醒目的斑点，有的触感如天鹅绒般柔软。秋海棠的花朵也各式各样，有单朵悬垂式的，也有经典的成簇玫瑰状的。

秋海棠的分类有点复杂，通常分为以下几类：根茎秋海棠、藤茎秋海棠、块茎秋海棠、蜡叶秋海棠和蟆叶秋海棠。蜡叶秋海棠是四季秋海棠（*Begonia cucullata*）的杂交种，蟆叶秋海棠是根茎秋海棠的一个亚群，是印度秋海棠的杂交后代。抛开语义不谈，秋海棠漂亮如画，总的来说，养护也很容易，所以让我们一起欣赏多姿多彩、琳琅满目的秋海棠属植物们吧。

样本：竹节秋海棠
Begonia maculata

波氏秋海棠

Begonia bowerae

俗名：睫毛秋海棠

波氏秋海棠俗称睫毛秋海棠，得名于叶子边缘的直立白毛，它是一种根茎秋海棠，叶纹堪称壮观。这些叶子呈深翠绿色，边缘有深色斑纹，有时叶脉上也有深色斑纹。

养护匹配：
园艺能手

光照需求：
明亮散射光

水分需求：
中

土壤要求：
透水性好

湿度要求：
高

繁殖方式：
叶插、分株

生长习性：
丛生

摆放位置：
桌面

毒性等级：
有毒

除了那些可爱的叶子，到了早春时节，当有了充足的明亮散射光照，睫毛秋海棠挺立的粉红色细叶茎上会簇生出漂亮的白色或浅粉色贝壳状的花朵。

波氏秋海棠原产于墨西哥，作为一种微型秋海棠，它生长在热带森林的地面上，是一种地被植物，高度只有约25厘米。波氏秋海棠喜欢高湿度环境，搬入室内后，与其他植物摆放在一起，或者托盘里面放入石子和水，有助于保持环境的高湿度。不要喷雾，也不要经常弄湿叶子，因为温度太大会引起白粉病。

睫毛海棠是根茎较浅的根状海棠，最好将它种植在浅盆中，盆土要透水。如果能放置在一个光线充足且通风良好的位置，它的长势会更好。在温暖的季节，可以打顶、修枝，促使其株型紧凑，枝叶茂盛，适合桌面展示。

波氏秋海棠的栽培变种和杂交种的叶子图案都非常华丽，它们生长起来也极快，已经在室内栽培植物中崭露头角，甚至占有了一席之地。有一个栽培变种叫作波氏秋海棠杂“虎爪”（*Begonia bowerae* × ‘tiger paws’，如左图所示），是1977年培育出来的杂交品种，褐色的小叶子上有黄色斑纹，据说特别像虎爪，也是挺有意思的。

异色短裂秋海棠

Begonia brevirimosa

俗名：异域秋海棠 / 红纹秋海棠

有些植物生而不凡，比如异色短裂秋海棠，深绿色大叶子有金属质感，叶面上的粉红色斑非常亮眼。

养护匹配：
园艺能手

光照需求：
明亮散射光

水分需求：
中高

土壤要求：
透水性好

湿度要求：
高

繁殖方式：
叶插、分株

生长习性：
丛生

摆放位置：
桌面

毒性等级：
有毒

异色短裂秋海棠的叶子在明亮、温暖和潮湿的环境中，颜色还会更粉一点，而在阴暗的环境中，色斑会渐褪。在合适的环境下，它全年都可以开出漂亮的粉红色花朵，不过在室内环境下，有可能不开花。即使如此，也没必要气馁，因为欣赏它美丽的茎叶就已经足够了。

令人惊讶的是，异色短裂秋海棠是一个自然物种，新几内亚热带雨林的林下层长满了异域风情秋海棠，它并非人工培育的杂交种。植物学描述这种秋海棠像灌木，以丛生的方式生长。如能满足其基本需求，它就会成为一种美妙的室内植物。

为了满足它的湿度需求，可以将它和喜欢高湿度的植物放在一起，条件允许的话加湿器更好。因为喜湿，所以它在玻璃植物箱和温室中生长良好。盆栽种植要始终保持盆土湿润，表层土壤见干就要浇水。如果脱水，它的茎和叶会明显下垂。要记得及时浇水，以免出现这样的情况。养护异色短裂秋海棠比低维护植物要费心一些，但是对于这种绝对能让观赏者流连忘返的植物，就不算什么了。

竹节秋海棠

Begonia maculata

俗名：波尔卡圆点秋海棠

室内植物不乏上镜者，特别是秋海棠属植物。但即便小伙伴都天生丽质，竹节秋海棠也依然可以艳压群芳。

养护匹配：
新手

光照需求：
明亮散射光

水分需求：
中

土壤要求：
透水性好

湿度要求：
中

繁殖方式：
叶插、分株

生长习性：
直立

摆放位置：
桌面

毒性等级：
有毒

竹节秋海棠的大叶子好像天使的翅膀，叶面有银色斑点，背面是深紫红色，整体上具有非常高的观赏价值。

竹节秋海棠那竹节状的粗茎支持它直立生长，翼形叶子悬挂着，种在吊盆里或桌面花盆中都非常适合。竹节秋海棠既坚韧又美丽，是最受欢迎的秋海棠之一，特别适合室内栽培。鳟鱼秋海棠绝对不挑剔，对光和水都是适度要求，一点不苛刻，种植者不论水平高低都可以把它照料得很好。它最理想的光照条件是明亮的散射光，虽然在较低的光照下也能成活。值得注意的是，光照不充足会损害到叶子的标志性颜色和斑点，斑叶竹节秋海棠（*Begonia maculata* ‘wightii’，鳟鱼秋海棠）（如左图所示）尤其要注意，缺光会导致叶子背面的红色渐渐褪去，叶子也会变形，从而损害其健康。过多的午后直射阳光又会导致叶子干焦，因此还要避免强光才行。

春秋两季，竹节秋海棠的盆土需要保持一定的湿度，表层 2~5 厘米变干就要浇水。冬天，虽然秋海棠不会休眠，但它的生长速度会减慢，对水的需求也会减少，所以随着天气变凉，要减少浇水量。

马扎秋海棠

Begonia mazae

俗名：马扎秋海棠

别看它小，就瞧不起它，马扎秋海棠可是浓缩的精华，它会让您的园艺藏品大放异彩。

养护匹配：
园艺能手

光照需求：
明亮散射光

水分需求：
中

土壤要求：
透水性好

湿度要求：
中高

繁殖方式：
叶插、分株

生长习性：
垂蔓

摆放位置：
书架、花架

毒性等级：
有毒

宛如眼泪的马扎秋海棠深绿色的叶子上泛着深黑的图案，看起来大胆而忧郁。在良好的条件下，马扎秋海棠叶子泛着天鹅绒般的光泽，这样让它看起来更加茂盛，更加具有层次感。

马扎秋海棠被归类为攀缘植物，因为叶子茂密，它厚重的叶子压低了其细长的茎，从而形成了垂蔓效果。因此，马扎秋海棠适合放在较高的位置，例如书架上或挂盆内。合理地掐尖，可以让秋海棠的叶子长得更饱满、更浓密。春夏两季，马扎秋海棠深色叶片上方纤细的茎上能长出大量粉红色的小花，形成一幅美丽的景象，这是马扎秋海棠给予人们的额外快乐。

种植马扎秋海棠，盆土保湿性、排水性都要好，生长过程中还需高湿度的环境，但不要把水直接喷到叶子上。放在明亮的位置，避免阳光直射，保持良好的空气流通，这是马扎秋海棠最理想的生活条件。

盾叶秋海棠

Begonia peltata

俗名：毛叶秋海棠

盾叶秋海棠叶子很独特，呈银灰色毛毡状，富有质感，因此俗称毛叶秋海棠。

养护匹配：
园艺能手

光照需求：
明亮散射光

水分需求：
中高

土壤要求：
透水性好

湿度要求：
中

繁殖方式：
叶插、分株

生长习性：
丛生

摆放位置：
桌面

毒性等级：
有毒

毛叶秋海棠的叶子几乎是整圆形，叶面覆盖着软毛，与其他毛叶植物一样，这些软毛其实是特异化的表皮细胞，有助于防止昆虫侵害和水分流失。从冬末到春季，这些颇具触感的叶子上方，会开放一簇簇白色小花朵。

在正确的照料下室内种植的毛叶秋海棠也能茁壮成长。温暖、潮湿的环境最适合它，良好的通风可以预防因潮湿导致的病虫害。盆土必须透水性好，刚刚干透就要浇水。然而，说起来它比大多数秋海棠属植物更能忍受干旱。每月一次或半月一次给它们施用半浓度的液肥，就能促使它快速健康地生长，让种植者很快就能欣赏到毛叶秋海棠那繁茂的身姿，这个时候千万要控制住自己老想去抚摸这家伙的想法。

蟆叶秋海棠

Begonia rex

俗名：彩叶秋海棠

蟆叶秋海棠常被称为花叶秋海棠或彩叶秋海棠，美国秋海棠协会称之为“秋海棠世界的演艺船”，人们种植彩叶秋海棠，基本上都是为了观赏它们光彩夺目的叶子。

养护匹配：
园艺能手

光照需求：
明亮散射光

水分需求：
中

土壤要求：
保湿

湿度要求：
高

繁殖方式：
叶插、分株

生长习性：
丛生

摆放位置：
桌面

毒性等级：
有毒

彩叶秋海棠的“rex”拉丁语原意是国王，秋海棠中就属它叶子最大，最气派，这个名字当之无愧。它的叶子呈不对称心形，叶色包括粉红色、紫色、绿色、棕色、红色甚至银色，形色的搭配浑然天成。蟆叶秋海棠花朵比较小，往往被忽视，它胜在叶形优美，叶色绚丽。

蟆叶秋海棠已有数百个栽培变种和杂交种，它们都源自野生种。室内也可以健康地生长，但如果家里空气非常干燥，叶子边缘会褐变并最终落叶。正是由于这个原因，有些人认为它们很难照顾，但只要关注到它们的需求，它们就会长势茂盛。

这些长着地下茎的尤物喜欢湿润，在肥沃、通气但仍能保持水分的土壤中生长得最好。原产自印度东北部、中国南部、越南和加拉帕戈斯群岛的森林，在那里它们生活在地面上。移居室内时，先要配好土。配土要尽量模仿它们的原生土壤。高湿度是必需的，但不要对叶子喷水，会导致白粉病。为了保持湿度，可以将蟆叶秋海棠与其他喜欢潮湿的植物放置在一起，也可以把蟆叶秋海棠盆栽放在装着鹅卵石和水的托盘上。需要提醒一下，许多栽培变种在冬季休眠之后，叶子会自然变黄并掉落。在这一时期，植物的状态明显不太有吸引力，但是待春季回暖，日照充足，彩叶秋海棠得到了抽枝发芽的信号，又能恢复往日的容颜。

天南星科

ARACEAE

花叶芋属

Caladium

花叶芋，天南星科开花植物属，俗称耶稣之心、天使的翅膀或象耳芋（与花叶芋关系密切的海芋属、芋属和千年芋属也被称为象耳）。它们的叶子图案精美、色彩缤纷，呈心形或箭头形，因此具有观赏价值。花叶芋在室内可以很好地生存，其中被最广泛种植的品种长着“花式叶”和“披针叶”；这些花叶芋，有白色的、粉红色或红色，真是色彩缤纷，美不胜收；它们原产于南美洲和中美洲，在印度和非洲部分地区也成了野外自然生长的物种。在野外，它们的生长高度是 60~90 厘米，叶子长达 45 厘米，而栽培变种通常略娇小。花叶芋有块茎，分株繁殖很容易。

双色花叶芋

Caladium bicolor

俗名：彩叶芋

色彩斑斓的彩叶芋来自南美洲的热带森林。在温暖的雨季，它们的叶片也会随之发生季节性的变化。

养护匹配：
园艺能手

光照需求：
明亮散射光

水分需求：
高

土壤要求：
透水性好

湿度要求：
高

繁殖方式：
叶插、分株

生长习性：
丛生

摆放位置：
桌面

毒性等级：
有毒

所有彩叶芋都有多年生块茎，冬季会休眠，生长季节又恢复生机，所以我们在温暖的月份欣赏它们的色彩和活力，到了天凉的时节，就要让它们养精蓄锐。随着气温下降，彩叶芋的叶子开始褪色和掉落，此时只需从茎基部把这些枯叶剪掉。

我们的家居环境经常比较干燥，高湿度对于彩叶芋的生存至关重要。建议每天喷雾，这对彩叶芋大有好处。此外，可以把彩叶芋托盆里放上鹅卵石和水，水分蒸发可以增加室内空气湿度。在生长期，透水性好的盆土要始终保持湿润，表层土变干就要浇水；但是，如果彩叶芋开始掉叶子，就要减少浇水量。

全世界总共有1000多个双色花叶芋品种。右图是“红肚子”双色花叶芋（*C. bicolor* ‘red belly’），其特点是鲜绿色的叶子中间有一片红色。

乳脉花叶芋

Caladium lindenii

俗名：白脉箭叶

说乳脉花叶芋令人流连忘返，并非虚言。它原生于哥伦比亚， 叶大薄而坚韧，形状像箭头，叶色呈黄绿色，可见醒目的白色宽阔叶脉，有如工艺画一般。

养护匹配：
园艺能手

光照需求：
明亮散射光

水分需求：
高

土壤要求：
透水性好

湿度要求：
高

繁殖方式：
分株

生长习性：
丛生

摆放位置：
桌面

毒性等级：
有毒

乳脉花叶芋有时会被称为乳脉千年芋（*Xanthosoma lindenii*），尽管在 20 世纪 80 年代初它被归入了花叶芋属，但旧习惯似乎很难改掉。

在温暖、有明亮散射光且空气湿度高的环境下，乳脉花叶芋能够健康生长，成熟植株最终可长到 60~90 厘米。每月施一次半浓度液肥，经常给叶子喷雾，长势会更好。肥沃、湿润且透水性好的盆土对它来说最适合，在常规盆土中添加一些椰壳即可。

乳脉花叶芋的生长变化有时会大起大落，过度浇水和植株缺水都会导致它死亡，所以要保证浇水适度。它在冬季会停止生长，深冬甚至可能会休眠。在这种情况下，几乎不用浇水，可以等天气变暖看到生长迹象后再浇水。

乳脉花叶芋的根是块状茎，所以很容易通过分株繁殖。处理根茎时要小心，因为它对于皮肤敏感的人有一定的刺激性，要远离好奇的宠物和小朋友。

天南星科
ARACEAE

万年青属
Aglaonema

万年青，又叫中国万年青，天南星科开花植物属之一，几个世纪以来在亚洲一直很受欢迎，因为人们认为它会带来好运，且极具观赏性。万年青属仅有 25 个种类，却有数百个栽培变种和杂交种，它们的叶色和图案五花八门，多得让人难以置信。万年青常常以其栽培变种的名称而不是学名来称呼，这可能使鉴定变得困难。它那斑驳的叶子常常是各种颜色的条纹、斑点的组合，如红色、粉色、银色、绿色和奶油色，给室内花园增添了惊人的美感，所以花点时间去了解它们也是值得的。

万年青原产于亚洲的热带和亚热带地区，作为室内植物广受欢迎。它们不仅美丽，还易于养护，能耐受弱光条件，还能净化空气。一些深绿色品种甚至可以在只有人造光的空间中生存。

养护匹配：
新手

光照需求：
中低

水分需求：
中

土壤要求：
透水性好

湿度要求：
中

繁殖方式：
茎插

生长习性：
丛生

摆放位置：
桌面

毒性等级：
有毒

“条纹”万年青

Aglaonema ‘stripes’

俗名：中国万年青、广东万年青

“条纹”万年青美丽且易于打理，厚实的绿色叶子上分布着银白色条纹。与所有万年青属植物一样，虽然它也能忍受弱光条件，却会徒长，明亮的散射光能让它健康生长。很多大型办公空间里没有自然光，只要持续给予荧光灯照射，也可以让它正常生长。

茂密的“条纹”万年青观赏性最佳，可以摘取顶梢进行培植（生长旺盛的春季最合适），水培生根后再种到原本的花盆里就行。过不多久，藤条一样的茎又会有一两个的休眠芽点萌发新芽。

这种漂亮的热带植物更喜欢温暖的温带环境，但是低温条件下，如果植物保持干燥，并注意保护，它也能承受。去除正在孕育的花苞，可以延长其寿命，让植物把能量集中在生长健康的叶子。等到花茎变黄变软，把花朵摘除就行。

样本：国王花烛
Anthurium veitchii

天南星科

ARACEAE

花烛属
Anthurium

花烛是天南星科中最大的属，包括约 1000 种开花植物。它们原产于南美洲、墨西哥和加勒比海的新热带地区，在野外，它们通常附生在树上，因此对室内环境有适应性，它们也偏好气温温和、有防晒防冻条件的户外场所。花烛属植物典型特征是有花状的佛焰苞（实际上是变态叶）和从中生出的肉穗花序，构成花序的微花是雌雄双性的。

花烛是天南星科中生物多样性最大的属，而且众所周知，它的变异性极高，这意味着即使同一种的两株植物，它们也可能看起来并不完全相似。从水晶花烛（*Anthurium crystallinum*）叶子上灿烂的龟壳图案到带叶花烛(*Anthurium vittarifolium*)极其细长的叶子，花烛植物表现出极其丰富的多样性，每一个种都非常独特，给人带来强烈的视觉冲击力。

麻叶花烛

Anthurium polydactylum

俗名：多指花烛

多指花烛是一种相当特别的室内植物，叶子呈灰绿色，叶形像手掌。世界各地的花烛爱好者们都喜欢收藏麻叶花烛，它比起多数室内植物需要更多的照顾，但我们向您保证，这些付出都是值得的。

养护匹配：
园艺能手

光照需求：
明亮散射光

水分需求：
中

土壤要求：
透水性好

湿度要求：
高

繁殖方式：
分株

生长习性：
攀援

摆放位置：
桌面

毒性等级：
有毒

麻叶花烛的学名和外观与多裂花烛（*Anthurium polyschistum*）相似，所以两者很容易被混淆。麻叶花烛有着纤细的指状小叶，边缘光滑，其叶片大小和茎长都明显大于其他花烛。有时人们也将它与更常见的鹅掌柴属（*Schefflera*）植物相比，如果您无法获得美丽且罕见的麻叶花烛，鹅掌柴也是一个很好的选择。麻叶花烛原产于玻利维亚、哥伦比亚和秘鲁，从低海拔的沼泽到安第斯山脉的高海拔地区，这种植物随处可见。

麻叶花烛喜欢明亮的散射光和湿润的土壤，但土壤不能积水。它在高湿环境中长势强健，室内种植需要经常性给予喷雾。当麻叶花烛从小苗变为成株，需用支撑桩来辅助生长。

巴劳花烛
Anthurium balaoanum

巴劳花烛产自厄瓜多尔，是一种繁殖力很强的植物。它的叶子呈波浪状、薄如纸，是一种与众不同、很值得观赏的植物。室内栽培时，巴劳花烛的成株需要攀附在支撑柱上，再给予高湿度环境，就可以长得很茂盛。

花烛
Anthurium andraeanum

麻叶花烛

Anthurium polydactylum

俗名：多指花烛

多指花烛是一种相当特别的室内植物，叶子呈灰绿色，叶形像手掌。世界各地的花烛爱好者们都喜欢收藏麻叶花烛，它比起大路货室内植物需要更多的照顾，但我们向您保证，这些付出都是值得的。

养护匹配：
园艺能手

光照需求：
明亮散射光

水分需求：
中

土壤要求：
透水性好

湿度要求：
高

繁殖方式：
分株

生长习性：
攀援

摆放位置：
桌面

毒性等级：
有毒

麻叶花烛的学名和外观与多裂花烛（*Anthurium polyschistum*）相似，所以两者很容易被混淆。麻叶花烛有着纤细的指状小叶，边缘光滑，其叶片大小和茎长都明显大于其他花烛。有时人们也将它与更常见的鹅掌柴属（*Schefflera*）植物相比，如果您无法获得美丽且罕见的麻叶花烛，鹅掌柴也是一个很好的选择。麻叶花烛原产于玻利维亚、哥伦比亚和秘鲁，从低海拔的沼泽到安第斯山脉的高海拔地区，这种植物随处可见。

麻叶花烛喜欢明亮的散射光和湿润的土壤，但土壤不能积水。它在高湿环境中长势强健，室内种植需要经常性给予喷雾。当麻叶花烛从小苗变为成株，需用支撑桩来辅助生长。

蔓生花烛

Anthurium scandens

俗名：珍珠蕾丝花烛

因为能结出簇生的珍珠状浆果，蔓生花烛又称珠果花烛。它的果实有时为白色，有时又呈淡紫色，作为一种攀缘藤本植物，蔓生花烛有肉质的茎，叶子有光泽。

养护匹配：
新手

光照需求：
明亮散射光

水分需求：
中高

土壤要求：
透水性好

湿度要求：
中

繁殖方式：
茎插

生长习性：
攀援

摆放位置：
桌面

毒性等级：
有毒

珍珠蕾丝花烛原产于中美洲和南美洲，在野外广泛分布，生长在不同的海拔高度，但其生境基本都是潮湿的热带气候。室内栽培时，要尽量模拟其原生地高湿度的环境。因为它是附生植物，可以用兰花的栽培土来培植，它的根系会抓住植料。明亮的散射光线最适合它，要注意避免强烈的直射光。

市面上出售的大多数花烛属植物是通过组织培养繁殖的，家庭种植可以分株或茎插繁殖，所有的花烛都有毒，所以家庭栽培一定不要大意！

当蔓生花烛长到一定大小，就需要使用支撑桩辅助生长。将蔓生花烛盆栽置于桌面，静待开花结果，但切记只能观赏，不能食用其果实。

火鹤王花烛

Anthurium veitchii

俗名：国王花烛

国王花烛万岁！这种植物原生于哥伦比亚热带雨林，有着巨大的叶子，叶子上有很多如波纹般褶皱，有光泽，可以长到一米以上，真是植物中的王者。

养护匹配：
园艺能手

光照需求：
明亮散射光

水分需求：
中

土壤要求：
透水性好

湿度要求：
高

繁殖方式：
茎插

生长习性：
攀援

摆放位置：
书架、花架

毒性等级：
有毒

国王花烛大而扁平的叶子就像薄薄的盾牌或旗帜一样悬挂在茎上。在幼苗期，它的叶子非常娇嫩，长大后叶子变得更有韧性；它的叶子会朝向阳光生长，但它永远不会真正喜欢阳光直射，所以请让皇室风范的它远离刺眼的光线。

国王花烛喜欢潮湿但透水的土壤，用兰花栽培土种植效果最好。在适宜生长的温暖月份里，土壤需要保持较高的湿度，但是冬天一到，就要减少浇水。春夏两季每月使用一到两次半浓度的液肥。对优质液肥的投资是值得的，但不要用缓释肥，因为缓释肥料会导致盐分堆积，从而损害它的根系。

国王花烛喜欢高湿环境，一定记得每天喷雾洒水，或者将盆放在铺有鹅卵石并装满水的沥水托盘上。它对寒冷的气流特别敏感，所以在冬天一定要加强保护，还要让它们远离加热器和空调。在自然界中，国王扎根于树缝中悬挂着生长，所以书架、花架是展示这种特别植物的最佳位置。

领带花烛

Anthurium vittarifolium

俗名：条叶花烛

领带花烛是一种带状叶子的花烛，叶子犹如长剑，优雅地从植株的中心垂下。

养护匹配：
新手

光照需求：
明亮散射光

水分需求：
中高

土壤要求：
保湿

湿度要求：
高

繁殖方式：
分株

生长习性：
垂蔓

摆放位置：
书架、花架

毒性等级：
有毒

在野外，领带花烛的叶子可以长到2.5米，令人啧啧称奇。成熟株有不同寻常的叶子，作为室内植物，很有存在感。领带花烛开花后，不起眼的小花序结出的浆果很有看头，这些浆果有明亮的粉红色和紫色两种颜色。

领带花烛原产于哥伦比亚，是一种生活在雨林中的半附生植物，不喜欢阳光直射，所以在室内最好将它放在有明亮散射光的地方。盆土里加一些泥炭可以帮助其保持宝贵的水分，表层土壤变干时就要赶紧浇水，大约每周一次就可以，不过最好还是用手指测试下土壤湿度。定期喷雾，将其放在温暖的地方，远离冷风。

如果您幸运地拥有一株领带花烛，请务必将其置于吊盆内或者花架上，这样可以更好地展示其风格夸张的叶子。

薯蓣科
DIOSCOREACEAE

薯蓣属
Dioscorea

薯蓣属（*Dioscorea*）以古希腊医生和植物学家狄奥斯科里迪斯（Dioscorides）为名，囊括了薯蓣科的600多种开花植物。该属的植物通常是有块状根和木质茎的爬藤植物，能攀援到2~12米的高度，全世界许多热带地区和一些温带地区都有它们的身影。它们的叶子大多是心形的，交替排列在螺旋状缠绕而上的藤蔓上。

有一些种类，比如马铃薯，被人们当作农作物来种植。它们的大型块茎是南美洲、亚洲、非洲和大洋洲热带地区的重要食物来源。虽然大部分薯蓣生吃有毒，有多种方法和烹饪手段可以除去毒性。在医药领域，薯蓣也有用途，一些薯蓣属植物体内发现的毒素甾体皂苷可以转化为甾体激素。又有许多薯蓣属植物，包括象脚（见第174页）和观赏山药（见第173页）非常适合室内栽培。

观赏薯蓣

Dioscorea dodecaneura

俗名：观赏薯蓣

观赏山药是一种稀罕的美丽植物。这种藤本植物来自厄瓜多尔和巴西，其藤蔓特别吸引眼球，其基部叶片为心形，上面有着复杂的色斑，很有辨识度。

养护匹配：
园艺能手

光照需求：
明亮散射光、全日照

水分需求：
中高

土壤要求：
透水性好

湿度要求：
中

繁殖方式：
分株

生长习性：
攀援、垂蔓

摆放位置：
书架、花架

毒性等级：
友好

观赏薯蓣是一种活生生的艺术品，随着它日渐成熟，叶子也会随之增大，墨绿色的叶面上，银色脉络纵横交错，随机点缀着栗色和黑色，叶子底面呈泛紫的深粉色。

奇怪的是，观赏薯蓣以逆时针方向缠绕攀援，在藤蔓的缠绕方式中这是独一无二的，尽管它的茎极其细弱，但是这种缠绕方式让它能够慢慢地向高处爬去。除了华丽的叶子外，它的花朵开放时呈下垂的簇状，小而白，散发着芬芳。种植在室内，极少能看见它们开花，这不要紧，叶子已足够美丽。

观赏薯蓣需要充足的光照，每天早晨和傍晚至少四小时温和的直射阳光能提供最佳的光照，充足的明亮散射光也可以。观赏薯蓣是一种需水程度很高的热带植物，春夏两季，表层5厘米的土壤干透时，就需要浇水。冬季气温急剧下降，它可能会进入休眠状态，只剩下地下块茎还活着。在这种情形下，就要停止浇水，让盆土完全变干再浇一点水。每当春回大地，它们的生长周期重新开始时，就又可以按以前的节奏去浇水。

扁平龟甲龙

Dioscorea sylvatica

俗名：象脚山药

象脚山药是一种缠绕爬藤的优雅草本植物，其主茎从块根状茎基中长出，其茎基如龟背开裂，遍布着网状图案。

养护匹配：
新手

光照需求：
明亮散射光

水分需求：
中

土壤要求：
粗颗粒、沙质

湿度要求：
低

繁殖方式：
茎插

生长习性：
攀援

摆放位置：
书架、花架

毒性等级：
有毒

扁平龟甲龙那生机勃勃的攀援茎，在3个月可以长到4~5米高，缠绕着花盆里的环形支架生长，看起来非常美丽，实在是一种好养又别具一格的室内植物。

扁平龟甲龙原产于赞比亚、莫桑比克、津巴布韦、斯威士兰和南非，在湿度均衡的各种林地中生活，生长缓慢。令人感到遗憾的是，由于人类活动，扁平龟甲龙的野外种群数量显著下降，现在被认为是易危物种。

种植在室内的扁平龟甲龙只要给予适量的水就能茁壮生长，夏季块茎休眠时，水量需求减少。秋天时，植物再次开始发芽，如果发现新的生长迹象，您就可以重新开始浇水。有时它可能会违背原定的生长规律，在本来休眠的季节继续生长，这种情况也是可能的。扁平龟甲龙可能会比预期更早地长出新的藤蔓，此时，养护要以植物的生长状态为准，并不需要一成不变。扁平龟甲龙可以通过茎插或播种来繁殖。将种子播种到透水性好的育种盆土中，覆土5毫米，并一直放在有温暖明亮的散射光的位置。

菊科

ASTERACEAE

垂头菊属

Cremanthodium

垂头菊属于雏菊科或菊科，囊括了大约50种开花植物。它们来自尼泊尔、中国的高山地区，相当不起眼，的确算是鲜为人知的属之一。室外种植时，夏天的垂头菊喜欢凉爽和湿度变化不大的土壤，在冬天时，要防止沤根，但冰雪对它们生长却是有利的！室内种植时，它们喜欢肥沃、潮湿的土壤，享受充足的明亮光照（包括直射光线）。

养护匹配：
新手

光照需求：
明亮散射光、全日照

水分需求：
中高

土壤要求：
透水性好

湿度要求：
中

繁殖方式：
分株

生长习性：
丛生

摆放位置：
地面、遮阴的阳台

毒性等级：
有毒

肾叶垂头菊

Cremanthodium reniforme

俗名：拖拉机座

异名：肾叶橐吾 *Ligularia reniformis*

肾叶垂头菊的肾形叶子巨大且有光泽，确实非常壮观，叶面有突出的纹路，将这种植物盆栽搬入室内或放置在有遮蔽的阳台上，一定会让人赞叹不已。不仅如此，这种奇特且美好的植物生命力顽强，只要保持环境适度潮湿，就会生长繁茂。

作为一种适应力很强的植物，把它摆放在全日照或有明亮散射光的位置皆可，只需注意避免下午的刺眼强光。肾叶垂头菊有肉质根，它的高度和宽幅都可以达到一米。种植在花盆里株型会更紧凑，更适合室内环境。肾叶垂头菊在冬天可能休眠，所以如果天气变冷后，发现它们生长停滞，完全不必惊慌。要用透水性好的盆土栽种，在春夏两季，土壤需始终保持湿润，但到了秋季，水量要减少。

肾叶垂头菊以前被称为肾叶橐吾，属于橐吾属（通常被称为豹纹，因为它们的黄色或橙色头状花序有棕色或黄色的花蕊，类似于大型猫科动物的斑纹）。虽然不再被归类为橐吾属，但在户外环境中，肾叶垂头菊能长出橐吾属典型的橙黄色雏菊状花朵。在室内它不太可能开花，但它们那可爱的叶子就足够让人看半天。

样本：花斑圆叶椒草
Peperomia obtusifolia ‘variegata’

胡椒科
PIPERACEAE

草胡椒属
Peperomia

草胡椒属植物通常被称为“暖气片草”，因为它们喜欢温暖，冬天可能离不开加热器。这个属很大，囊括了1500多个种类，为胡椒科中的第二大属。1794年，西班牙植物学家伊波利托·鲁伊斯·洛佩兹（Hipólito Ruiz López）和何塞·安东尼奥·帕文（José Antonio Pavón）首次正式对草胡椒作了分类学描述。

草胡椒属常见于热带和亚热带地区，主要分布在中美洲和南美洲北部，少数种甚至进入了非洲和澳大利亚。这些植物有着迷人而充满活力的叶子，叶子的颜色、形状和纹理各异。草胡椒属植物有一个共同点就是都比较娇小，非常适合室内种植，是公寓居民的理想植物。作为很好的入门级室内植物，它们的维护成本相对较低，而且还抗虫害。不过，其中有部分物种比其他物种更像是多肉植物，它们需要特殊养护，这点要注意。在野外，草胡椒属植物生长在热带雨林的地面，通常附生于朽木上。它们的花序呈锥形穗状，突出于叶层之上。

豆瓣绿椒草

Peperomia argyreia

俗名：西瓜皮椒草

西瓜皮椒草与大多数草胡椒属植物一样，有着极为漂亮的叶子。厚实多汁的卵形叶子上有着明显的银色花纹，很像西瓜皮，与深红色的叶柄相得益彰。一点也不奇怪，西瓜皮是最受欢迎的草胡椒品种之一。

养护匹配：
园艺能手

光照需求：
明亮散射光

水分需求：
中

土壤要求：
透水性好

湿度要求：
低

繁殖方式：
叶插、茎插

生长习性：
丛生

摆放位置：
桌面

毒性等级：
友好

这种美丽的草胡椒原产于南美洲，高度一般不会超过20厘米，但它的叶子有时会长到手掌那么大。它那半肉质的叶子似乎说明了它不需要太多水分，如果土壤持续潮湿，就特别容易烂根。通常，要等盆土表层5厘米土壤干透时再浇水，冬季光照减少、环境温度下降时，则要减少浇水。

西瓜皮椒草耐寒性差，所以最好把它同其他的植物放在一起，对它有一种保护作用，同时还需要远离对流风和冷空气。它的花朵小，比起叶子可以说是无足轻重，一些种植者会剪掉它那小小的如尖刺般的花序，来促进叶子的生长。西瓜皮椒草受青睐的原因主要就是它们的叶子，花开完了就可以剪掉，发现枯叶，也要处理掉。

西瓜皮椒草喜欢明亮的散射光（避免强烈的午后阳光），春夏两季每月施一次半浓度的液肥对它有好处。

皱叶椒草

Peperomia caperata

俗名： 翡翠波纹皱叶椒草

皱叶椒草来自巴西热带雨林，叶心形、半肉质，具有深脊状纹理。这个物种有栽培变种，包括月红、斑点锦和深绿翡翠波纹（见左图），所有这些品种都很袖珍。

养护匹配：
新手

光照需求：
明亮散射光

水分需求：
中低

土壤要求：
透水性好

湿度要求：
低

繁殖方式：
叶插、茎插

生长习性：
丛生

摆放位置：
桌面

毒性等级：
友好

特别注意：不要过度浇水！尤其是在天气转冷的月份，过多水分必然导致根腐病。叶子枯萎可能是脱水或过度浇水的迹象（我们知道这种说法会令人困惑）。如果皱叶椒草出现这些迹象，请评估一下：如果最近一次浇水过后，它日渐枯萎，那么就需要减少浇水量，但如果两次浇水已间隔很久，那么很可能它需要浇水了。

皱叶椒草在明亮散射光下能茁壮成长，也能耐受弱光。由于其叶子的准多肉特性，它不需要高湿度，至多随便给它喷个雾就够了。一般来说，皱叶椒草不需要换盆，它们更偏好根系满盆的状态。在不换盆的前提下，温暖的生长季节，要及时施肥：大概每两周一次，使用半浓度的肥料。

皱叶椒草株型小巧，很适合种植在玻璃微景观生态瓶里以及办公场所，因为它还能适应持续的荧光灯照射。

圆叶椒草

Peperomia obtusifolia

俗名：钝叶豆瓣绿

圆叶椒草原产于加勒比海、美国佛罗里达州和墨西哥，叶子呈深绿色、叶面具蜡质层、叶肉较肥厚多汁，适应性广，养护难度较低。它是一种直立生长、丛生性质的植物，高度和宽幅皆可达 25 厘米，一年四季都会开出纯白色的花穗。

养护匹配：
新手

光照需求：
明亮散射光

水分需求：
中低

土壤要求：
透水性好

湿度要求：
中

繁殖方式：
叶插、茎插

生长习性：
丛生

摆放位置：
桌面

毒性等级：
友好

圆叶椒草有几个栽培变种，它们具有不同的色调，如白金椒草（*Peperomia obtusifolia*‘albo-marginata’）有灰绿色、金色和象牙色调，花斑圆叶椒草（*Peperomia obtusifolia*‘variegata’）的绿色调则更显白、更亮。锦化品种比普通品种需要更多的光，不过对于两者来说，以明亮散射光为主温和的直射晨光为辅的光照条件是最好的。

圆叶椒草因根系较浅，不需要定期换盆，如果您真想换盆，一定只能换一个稍微大一点点的花盆；否则，像所有的草胡椒一样，盆土超过了根系生长需求，会导致根系涝水，产生根腐的风险。也因为这一点，圆叶椒草只需要少到中量的水，一定要等盆土一半变干后再浇水，冬天浇水还要再少一些。

圆叶椒草可以每月使用一次半浓度的液肥，并修剪徒长的茎叶，促使其更茂盛。修剪还有一个好处，就是可以得到插条：一片叶子连着一小段茎干就可以。先把剪下来的茎叶在干燥处放置一天，然后插入新的盆土，保持暖和的环境温度，直至它生根。

花斑圆叶椒草
Peperomia obtusifolia ‘variegata’

图尔博原生椒草
Peperomia turboensis

这种秀丽的椒草叶子呈泪珠状，深灰色，带有金属银色斑纹，叶底泛酒红色。它原产于南美洲热带地区，喜欢有点潮湿的空气。在野外，它既可以陆生也可以附生，株型通常很小，这使得它成为理想的玻璃微景观生态瓶素材。

荷叶椒草

Peperomia polybotrya

俗名：雨滴椒草

雨滴椒草光滑的绿色叶片形似水滴或硬币，因此得名。作为草胡椒属中株型较大的品种，雨滴椒草也并不算太高大，高度约为 30 厘米。

养护匹配：
新手

光照需求：
明亮散射光

水分需求：
中低

土壤要求：
透水性好

湿度要求：
中

繁殖方式：
叶插、茎插

生长习性：
丛生

摆放位置：
桌面

毒性等级：
友好

雨滴椒草原产于热带南美洲，在野外为附生生长，根系不发达。半肉质的叶子和茎有利于储存水分，因此室内栽培时它只需要少到中等量的水，浇水要等到大部分盆土变干。

雨滴椒草开出的小花气味芬芳，但是花期不长，花朵凋谢后可以从花茎基部剪掉。由于其半多肉的性质，雨滴胡椒对湿度没有高需求，但还是要尽量模拟其生境，大致遵循一个时间表给它们喷雾补充水分，并确保通风，这样叶子和土壤就不会一直处于潮湿状态。

雨滴椒草生长缓慢，与大多数椒草属植物一样，它很容易通过叶插和茎插来繁殖。在春天，切下一片附有叶柄的叶子，切口平整，干燥24小时后连着叶柄将叶子轻轻插入盆土中。雨滴椒草基本不需要定期换盆，但因为它有丛生的倾向性（土里的众多茎节会萌发，或是因为组织培养的苗有这种趋势），因此随着时间的推移，基部的分枝越来越多，会长成一大丛。要让雨滴椒草长得好，施肥少不了，春秋两季，大约每个月使用一次半浓度的综合液肥，秋冬两季则不施肥。

垂椒草

Peperomia scandens

俗名：丘比特垂椒草

丘比特垂椒草的叶子呈心形，叶小、蜡质，低维护，让人在不知不觉中喜欢上它。

养护匹配：
新手

光照需求：
明亮散射光

水分需求：
中低

土壤要求：
透水性好

湿度要求：
低

繁殖方式：
叶插、茎插

生长习性：
丛生

摆放位置：
桌面

毒性等级：
友好

斑叶垂椒草（*Peperomia scandens* ‘variegata’）（如左图所示）的叶子中心部分呈浅绿色，外缘奶油色，就是这种叶缘出锦增添了它的美丽，从而有别于其他可爱的普通品种。它的茎可以长到90厘米，然后优雅地从花盆边缘垂下来。它在草胡椒属中算是株型较大的，同雨滴椒草一样。垂椒草原产于墨西哥和南美洲热带地区，在野外为附生植物，室内栽培时容易维护，这点特别让人喜欢。

垂椒草叶子为肉质，根系浅，这意味着它不需要大量浇水，可以等土壤一半干燥时再浇水。如果容易忘记浇水，那么也大可不必太紧张，因为垂椒草的生命力很顽强。维持斑叶垂椒草的花斑需要更多的光照，但无论是普通的斑叶垂椒草还是斑叶锦垂椒草，它们都适应明亮的散射光和早晚温和的直射光，在没有办法的情况下，它们也能忍受较低的光照条件。它们都不喜欢寒冷，更喜欢温暖的、有点潮湿的环境——一般家居环境的自然湿度应该足够了。在温暖的生长季节，每月施一次液肥。

天南星科
ARACEAE

千年健属
Homalomena

千年健是天南星科下的一个开花植物属，这个属的植物盛产于哥伦比亚、哥斯达黎加的热带地区，以及南亚、美拉尼西亚东部的热带雨林。它们的叶子和茎有深绿色、红色、酒红色和紫铜色等颜色，不一而足。它们通常被统称为心叶皇后或者盾牌，因为它们哑光的叶子为心形。这些叶子理想条件下可以长到 30 厘米。千年健是常绿多年丛生植物，会开出细长的手指状不分瓣的花。

尽管千年健属植物种类繁多，只有很少的几个品种被培育成室内植物。那些被种植者选育，占据千年健属室内植物市场的绝大部分是易养护、叶子漂亮的栽培变种或杂交种。

养护匹配：
新手

光照需求：
明亮散射光

水分需求：
中

土壤要求：
透水性好

湿度要求：
中高

繁殖方式：
分株

生长习性：
丛生

摆放位置：
桌面

毒性等级：
有毒

“玛姬”心叶春雪芋

Homalomena rubescens ‘Maggie’

俗称：心叶皇后

“玛姬”心叶春雪芋作为一种栽培变种，颇具热带丛林之风。它是一种易于维护的热带天南星科植物，它那大片的心形叶子上有深脊状的精美纹理，深红色的茎配上华丽光泽的叶子让它颇具格调。它们不仅外观漂亮，而且它们出色的空气净化能力在美国航空航天局的清洁空气研究中得到认可。

作为天南星科的一员，“玛姬”心叶春雪芋的养护与其近亲喜林芋属植物相似。它生长所需的最佳光照条件是明亮的散射光，湿度要求适中，这就意味着它非常适合家居环境，只需注意远离加热器和冷气即可。它也不拒绝较高的湿度，因此想喷雾就喷雾，只要同时确保空气流通良好。用透水性好的盆土，待土表层 2.5 厘米土壤干燥后浇透。

“玛姬”生长稳定，不需要经常换盆，所以养护起来非常轻松。这种千年健属植物为簇生，因此适合放在桌面或长凳上，可以节省小房间宝贵的地面空间。

天南星科
ARACEAE

藤芋属

Scindapsus

藤芋是天南星科下一个蔓性的属，含约35种常绿多年生植物，原产于东南亚、新几内亚、昆士兰和一些西太平洋岛屿。人们通常都是因为叶子可爱而去种植它们的，现存许多斑叶品种和栽培变种，其中包括小银叶葛（*Scindapsus pictus* var. *argyraeus*）或星点藤（见第195页图），因易于在室内生长而备受推崇。

藤芋属植物与拎树藤属植物（见第 046 页）很难区分开来，因此藤芋还经常被误作是绿萝。它们之间的最大区别在于种子，藤芋属植物的果实内只结一颗肾形种子，而拎树藤属植物的果实内能结多颗种子。

养护匹配：
新手

光照需求：
明亮散射光

水分需求：
中

土壤要求：
透水性好

湿度要求：
中

繁殖方式：
茎插

生长习性：
垂蔓

摆放位置：
书架、花架

毒性等级：
有毒

小银叶葛

Scindapsus pictus var. argyraeus

俗名：星点藤

小银叶葛叶面绒绿，点缀着银色或斑点，叶色清逸美观，是一种非常优秀的室内植物，原生于南亚和大部分东南亚地区，它们一般攀援附着于树干，或在地面爬行生长，藤条可达 3 米长。室内栽培时，可以把它种在吊盆中或者将花盆置于花架上，让枝条优雅地垂下来，真是姿态万千。

小银叶葛拉丁学名种加词“pictus”的意思是“画”，意指它叶子上精致的银色斑纹。与所有斑叶植物一样，在理想的光照条件下，突变性状会更明显。小银叶葛喜欢充足的明亮散射光，虽然也能容忍低光照条件，但通常会让它标志性的美丽斑纹变淡甚至褪去。

小银叶葛要种在透水性好的土壤里，浇水要浇透，盆土表层 2~5 厘米变干就要浇水。小银叶葛不难照料，但千万别让盆土积水导致闷根。看到它的叶子变黄，就要想到是否浇水过多了。小银叶葛需要多修剪，剪下来的枝条水培很容易生根。待新生的根长到 8~10 厘米时，就可以拿去种植，可以与母株种在一起，也可以种入新盆。

令人高兴的是小银叶葛能抗虫害，只要不涝水，一般不会被害虫光顾。

样本：斑马海芋
Alocasia zebrina

天南星科

ARACEAE

海芋属
Alocasia

海芋属植物产自亚洲的热带、亚热带地区以及澳大利亚东部，目前该属有80种植物。海芋一般都长着宽阔而摇曳生风的叶子，风格华丽，从黑天鹅绒海芋（见第203页）的天鹅绒质地到美叶芋（见第204页）的光滑锯齿状叶缘，多具有浓郁夸张的风格（需求还有点多）。不要把海芋属植物和其近亲芋属植物相混淆，海芋要么长有地下茎，要么长有块根，并且像其他天南星科植物一样，它们的花通常不显眼，生长在佛焰苞内的肉穗花序上。虽然海芋属植物有一定的医学用途，但通常有剧毒，应远离调皮的宠物和好奇心强烈的小孩。

盾牌海芋

Alocasia clypeolata

俗名：绿盾海芋

盾牌海芋有着巨大革质的橙绿色叶子，叶面上有着显眼的深色叶脉，当植株成年之后，叶脉几乎呈黑色，散发着独具特色的美丽。

养护匹配：
园艺能手

光照需求：
明亮散射光

水分需求：
中高

土壤要求：
透水性好、保湿

湿度要求：
高

繁殖方式：
分株、吸芽

生长习性：
丛生

摆放位置：
地面

毒性等级：
有毒

盾牌海芋产自菲律宾，喜欢温暖潮湿的环境。它的叶子可以长到25厘米长，整株植物的高度和宽幅皆可达到大约1.2米。夏季，盾牌海芋生长迅速。只要天气暖和，就要保持土壤湿润，土表变干就要浇水。请记住，这种特殊的海芋在冬天可能会处于半休眠状态，因此您可以减少浇水次数，只要确保没有完全忘记它的存在即可。

春夏两季，每月使用半浓度的液肥给绿盾海芋施肥，它将生长得更好。如果根系长满花盆，生长就会变缓。所以，如果您希望它能长得硕大健康，每隔一两年就要翻盆一次，趁这个机会可以分株繁殖。由于它们是丛生的，可以轻松地将根系分成三四份，也可以把孽株分离重新种植。

热亚海芋

Alocasia macrorrhizos

俗名：大芋头、滴水观音

热亚海芋的叶子很大，在热带地区下大雨时常常用作雨伞，整体植株能达到 3 米的高度。这种巨型植物在室内栽培时往往会保持可控的冠幅，注意留足必要的生长空间。

养护匹配：
园艺能手

光照需求：
明亮散射光

水分需求：
中高

土壤要求：
透水性好

湿度要求：
中高

繁殖方式：
分株、吸芽

生长习性：
丛生

摆放位置：
遮阴的阳台

毒性等级：
有毒

热亚海芋的叶子呈翠绿色，有光泽，有突出的叶脉和褶皱的边缘，叶面朝上，另一种植物槟榔芋（*Colocasia esculenta*）与它外观相似，但它的叶子下垂，跟热亚海芋正相反。

热亚海芋原产于婆罗洲、东南亚和昆士兰的热带雨林，在太平洋岛屿的许多地方也有栽培。如果彻底煮熟，植株的某些部分可以食用。虽然如此，这种植物通常被认为有剧毒。

热亚海芋非常适应遮阴的阳台，它的叶子很容易被晒伤和撕裂，所以一定要避开强烈的午后光照和大风。这种植物喜欢有营养的、潮湿的盆土，所以要定期浇水，表层土壤变干就要及时浇水；天气暖和的生长季节，每月施肥一次；冬季减少施肥和浇水。它的大叶子需要定期用湿布或软毛刷清洁。

热亚海芋的栽培变种黄貂鱼海芋（如右图所示）具有向内卷曲的叶子，还有和像黄貂鱼（一种海鱼）尾巴一样逐渐变细形成的尖端，茎上的斑纹跟斑马海芋相似。黄貂鱼海芋对湿度的要求比普通的热亚海芋稍高，所以我们建议将这种植物放在装了石子和水的托盘上，如果不是在通风良好的地方，请避免直接给叶子喷水。

黄貂鱼海芋
Alocasia macrorrhizos ‘stingray’

黑鹅绒海芋

Alocasia reginula

俗名：黑天鹅绒海芋

黑鹅绒海芋是一种更为娇小甜美的海芋，这位黑色的“小美女”有天鹅绒般的叶子，叶面有银色的脉络。黑鹅绒海芋属于一小群特别的植物，其成员包括黑叶雪铁芋（*Zamioculcas zamiifolia* ‘raven’）和黑魔法芋（*Colocasia esculenta* ‘black magic’），它们叶子的颜色接近于黑色。

养护匹配：
园艺能手

光照需求：
明亮散射光

水分需求：
中

土壤要求：
透水性好

湿度要求：
中

繁殖方式：
吸芽、子株

生长习性：
丛生

摆放位置：
桌面

毒性等级：
有毒

黑鹅绒海芋原产于东南亚，陆生于丛林地面。其叶子比同属植物更肉质感，已经进化到可以耐受略微干燥的条件。因此，它对水的需求量比其他海芋属植物少一点，给它浇水要浇透，但不能过于频繁，等表土至少 5 厘米干透再浇水。良好的通风对它而言很重要，因此请确保窗户留缝，并且不要将其与其他植物挤在一起。

虽然黑鹅绒海芋在完美的条件下可以长到 60 厘米高，但室内栽培时，它很可能只有大约 20 厘米的高度。它不需定期换盆，如果换盆，切记新花盆只能稍大于旧盆，否则，可能因为盆土过多而使根部积水导致闷根。善待这位美人，她会年复一年地回馈您华丽的树叶。

美叶芋

Alocasia sanderiana

俗名：美叶观音莲 、波形刀观音莲

美叶芋叶面花纹粗犷，原生于菲律宾，它的俗名英语为 Kris plant，其中 Kris（ 又称 kalis 或 kris dagger ）指波刃的菲律宾刀。

养护匹配：
园艺能手

光照需求：
明亮散射光

水分需求：
中高

土壤要求：
透水性好

湿度要求：
中

繁殖方式：
分株、吸芽

生长习性：
丛生

摆放位置：
桌面

毒性等级：
有毒

美叶观音莲在野外可以长到2米高，但在室内可能会矮一些。它的乳白色花序不怎么显眼，叶子则非常引人注目，能给居室增添热带气息。它那富有光泽的深绿色V形大叶子可达到40厘米长度，叶面上纵横着银白色的叶脉，叶缘也是银白色，而叶背则泛红色。美叶观音莲是一种受欢迎的室内植物，但在野外已经极度濒危。

如条件允许，请给您的美叶观音莲使用蒸馏水。夏季，要保持植株相对湿润；冬季，生长放缓，让土壤偏干燥为宜。春秋两季，每两周施一次半浓度的肥料，有益生长；天气转冷休眠时，要断肥。

像许多海芋属植物一样，美叶观音莲很容易受虫害影响，请务必注意其养护需求，预防总是胜于治疗。确保它处于比较温暖和潮湿的环境中（毕竟它是一种热带植物），并定期用湿布擦拭叶子，或者轻轻喷雾清洗，去除叶面上积聚的灰尘。定期的养护过程中，也可以同时检查是否有虫害，如有必要，可以涂抹生态油。

斑马海芋

Alocasia zebrina

俗名：虎斑观音莲、斑马观音莲

斑马海芋真是一种非常精致的海芋，它有直立的箭形叶子，从神奇的条纹色茎干上伸出来。

养护匹配：
园艺专家

光照需求：
明亮散射光

水分需求：
中

土壤要求：
透水性好

湿度要求：
中高

繁殖方式：
分株、吸芽、子株

生长习性：
直立

摆放位置：
桌面

毒性等级：
有毒

斑马海芋有点难伺候，需要通过实践摸索才能创造出符合它生长需求的完美生境。给予最适合生长的位置和条件（尽可能类似其原生地东南亚热带地区），它将极大地回报种植者。

斑马海芋喜欢高湿度，喷雾当然有好处，但前提是通风良好，以免叶面积水。托盘里面放水和卵石有助于增加环境湿度。浇水要等盆土表层 5 厘米干透。在光照方面，明亮的散射光最佳，柔和的晨光也不错。

斑马海芋可以长到 90 厘米的高度。如果温度连续处于 15℃ 以下，它可能进入休眠状态。一旦休眠，它的叶子会变黄脱落，但不要焦虑，用干净锋利的剪枝剪修掉所有死茎，少浇水、断肥，待天气变暖，它就会恢复生机。

斑马海芋可以通过分株或种植吸芽来繁殖。像许多海芋一样，斑马海芋分株的根（不是整个球根）浸在水瓶里就能健康地生长一段时间。看着斑马海芋丰盛的叶子，布有野性条纹的叶柄和虬结的根系，真是令人心旷神怡。

斑马海芋还有一种罕见的斑叶栽培变种，如果您能有办法得到一株，一定要非常珍惜。

天南星科
ARACEAE

芋属

Colocasia

芋属植物原生于东南亚和印度次大陆，这种奇妙的热带植物因其可食用的块茎（被称为芋头）而在世界许多地区被广泛种植，但生吃会中毒。它们必须经过发酵、浸泡或煮熟，去除毒素之后才能吃。天生的毒素让动物望而生畏。

芋属植物那柔软的绿叶——让人想起盾牌或象耳（该属的俗名）——可以长得非常大，有些品种例如大野芋（*Colocasia gigantea*）可以长到 1.5 米。在某些方面它们与近亲海芋相似（参见第 196 页），但芋属植物的叶子是水平生长或下垂的（海芋叶子向上生长）。虽然芋属是一个小属，只有大约 10 个种，但有些品种衍生出许多生命力顽强的栽培变种，例如黑色斑叶的“莫吉托”芋头（*Colocasia esculenta* ‘mojito’）和红色茎的“路巴博”芋头（*Colocasia esculenta* ‘rhubarb’）。

养护匹配：
园艺能手

光照需求：
明亮散射光、全日照

水分需求：
中高

土壤要求：
保湿

湿度要求：
中

繁殖方式：
分株

生长习性：
丛生

摆放位置：
遮阴的阳台

毒性等级：
有毒

芋头

Colocasia esculenta

俗名：象耳、芋艿

作为芋属中最常见的物种之一，芋头有大而明亮的绿色叶子，可以长到40厘米长。与大多数芋属植物一样，芋头在富含水分的土壤中长势强盛，它甚至可以水培生生长。要给它定期浇水，盆土表层5厘米变干时，就要及时浇水。芋头需要大量的明亮直射光或者散射光，但要避免超级强烈的午后直射光，因为可能会灼伤叶子。冬季，如果气温急速降低，芋头的生长就会变缓或进入短暂的休眠期。在此期间，降低浇水频率，直到天气转暖。

芋头是喜水的植物，在温暖的季节，要记得定期浇水。新叶子会不断地取代旧叶子，一定要用锋利的修枝剪从叶柄的基部剪掉所有枯叶，以保持植物整洁。如果因为植株太大而无法移动位置的话，可以喷洒冲洗叶子，也可以用湿布擦拭。它容易出现红蜘蛛和其他害虫，因此请定期检查。

芋头长得比较大的话，就要为它选一个同样大的容器，因为随着芋头的生长，盆栽芋头会变得头重脚轻，而谁也不愿意自己的芋头盆栽老是翻倒。还要记住，芋头有一种蔓延生长的习性，在户外生长容易失控。在美国，芋头被认为是入侵物种，而在澳大利亚，它长起来就像杂草。因此，建议您将芋头种在盆中或封闭的环境里，例如池塘。

天门冬科
Asparagaceae

吊兰属
Chlorophytum

吊兰属植物原产于非洲、亚洲和澳大利亚的热带和亚热带地区，是有 150 种开花植物的天门冬科的一个属。作为室内观赏性植物，蜘蛛草吊兰(*Chlorophytum comosum*）无疑是最常见的吊兰品种。蜘蛛吊兰因其拱形的长茎上长出的子株而得名，这些子株如同小蜘蛛一样吊着。

吊兰属植物通常是娇小的常绿草本植物，可长到约 60 厘米高；它们长而窄的叶子从基部的中心点发芽，根茎是肉质根，一些特别品种有地下茎。

养护匹配：
新手

光照需求：
中低

水分需求：
中

土壤要求：
透水性好

湿度要求：
中

繁殖方式：
子株、吸芽

生长习性：
丛生、垂蔓

摆放位置：
书架、花架

毒性等级：
友好

蜘蛛吊兰

Chlorophytum comosum

俗名：蜘蛛草

蜘蛛吊兰原产于南非，在19世纪中叶进入欧洲家庭。作为20世纪70年代风靡一时的室内植物，吊兰也曾经被冷落。不过，时尚的风向总是变来变去，吊兰现在重获大众青睐，这种郁郁葱葱、生长迅速、维护成本极低的室内植物在市场又可以买到了。生长在亚热带和热带地区的野生种具有纯绿色的叶子，但银心吊兰（*Chlorophytum comosum* 'vittatum'）等栽培变种的叶子中心有一条宽阔的白色条纹。银心卷叶吊兰"邦妮"（*Chlorophytum comosum* 'Bonnie'）是银心吊兰的近亲，古里古怪的银心卷叶吊兰颇具几分独特的魅力，也好养护。

因为吊兰非常不挑环境，光线不足它们也能适应（尽管生长会变缓），经常被放置在卫生间。因此它们又很不幸地被嘲笑为厕所植物，听起来真是煞风景，但真正的园艺爱好者对此会一笑置之。吊兰非常容易繁殖，很快就能长出很多"小蜘蛛"，优雅地悬挂在母株上。吊兰生长过程中仅需很少量的肥料，过多会阻碍其吸芽的生长。用土必须是透水性好的盆土，避免过度浇水，否则会黄叶、闷根。自来水中的余氯也会导致叶尖褐变，所以尽可能使用蒸馏水。

银心卷叶吊兰“邦妮”
Chlorophytum comosum ‘Bonnie’

葡萄科
VITACEAE

白粉藤属
Cissus

白粉藤属的名字来源于希腊词Kissos，意思是“常春藤”，是包括约350种木质藤本植物的葡萄科中的一个属。白粉藤属植物在世界各地都可以生活，但大多数原生于热带地区。该属的许多种植物都具有肉质肥厚的叶片。

白粉藤属中有十几种植物被用作传统草药。在澳大利亚，亚白粉藤（*Cissus hypoglauca*）用来治疗喉咙痛；在东南亚，人们用方茎青紫葛（*Cissus quadrangularis*）来促进骨愈合。许多白粉藤属植物被培育为园艺品种，还有一些成为了受欢迎的室内植物，如菱叶白粉藤（*Cissus rhombifolia*）（如右图所示）和南极白粉藤（*Cissus antarctica*）（俗称袋鼠藤）。

养护匹配：
新手

光照需求：
中低

水分需求：
中

土壤要求：
透水性好

湿度要求：
中

繁殖方式：
茎插

生长习性：
垂蔓

摆放位置：
书架、花架

毒性等级：
有毒

菱叶白粉藤

Cissus rhombifolia

俗名：葡萄常春藤

虽然这种植物看起来有点像常春藤属的常春藤，但菱叶白粉藤不是真正的常春藤。它实际上是葡萄科成员，它的叶子和深色浆果都让人想起用来酿酒的葡萄。在白粉藤属的所有物种中，菱叶白粉藤是对室内生长条件最耐受的一种。在原生地委内瑞拉，这种热带藤蔓生长茂密，可达3米长。在室内，它最适合摆放在书架、花架上，层层叠叠的叶子如同瀑布一样倾泻而下；除此，也可以用支撑柱或者棚架来辅助生长。

照料这种美丽的植物不需要费心，“少即是多”这句格言完全适用于菱叶白粉藤的养护。尽管它偏爱大量明亮散射光的光照条件，但也能自如适应弱光条件。在明亮的地方，它对水的需求适中；光线暗淡的地方，需要的水分就少些。无论何种光照条件，当盆土表层2~5厘米变干时，请务必为它浇水，并将室温保持在10℃~28℃，这个区间以外的温度都会让这种垂蔓植物的生长变缓。

夹竹桃科
APOCYNACEAE

眼树莲属
Dischidia

眼树莲属与其姊妹球兰属关系密切（见第034页），同属夹竹桃科。然而，与球兰属不同的是，眼树莲属尚有一些未解之谜。

眼树莲属有大约120种植物。它们原生于亚洲热带地区，包括中国部分地区和印度，澳大利亚东北部也有它们的身影。在野外，它们都是附生生长的。有趣的是，大多数眼树莲属植物生长在树栖蚂蚁的巢穴中，有很多种已经与蚂蚁建立了共生关系。这些眼树莲属植物的叶子通过变异会产生膨大的囊状叶，为蚂蚁提供栖所和储存食物的仓库。作为回报，蚂蚁的粪便和废弃物能产生大量有机物，在叶囊里分解后为植物提供养料。

养护匹配：
新手

光照需求：
明亮散射光

水分需求：
中

土壤要求：
透水性好

湿度要求：
中

繁殖方式：
茎插

生长习性：
直立

摆放位置：
书架、花架

毒性等级：
有毒

卵叶眼树莲

Dischidia ovata

俗名：西瓜眼树莲

西瓜眼树莲的叶子娇小可爱，叶面布有图案，是一种极具个性的爬藤植物。它的学名种加词 ovata 描述的是叶子的形状，意思是“卵形的”；而它的俗名“西瓜眼树莲”则是对叶子上那酷似西瓜皮的花纹的描述。西瓜眼树莲的花朵呈黄绿色，小巧精致，带紫色斑纹，虽不如叶子那样令人印象深刻，但闻起来芬芳香甜。当天气转暖的时候，西瓜眼树莲就有可能会开花。

作为附生植物，卵叶眼树莲茎上的茎节会生根，以吸收养分和水分，并有助于附着在寄生树上。这个特点让茎插繁殖变得非常容易，只要在茎节上方剪下 10 厘米长的藤条，插入水、泥炭或蛭石中就能生根。

西瓜眼树莲非常适合种在吊盆里挂起来，或者让它攀附在软木树皮上生长，或将花盆置于书架上让它的茎叶垂曳下来。哪种展示方式都可以，只要确保它能获得充足的明亮散射光。西瓜眼树莲原生于南亚和澳大利亚北部的热带地区，在高湿度下也能生长得很不错。虽说其肉质叶子有利于储存水分，但也可试着每隔几天给叶子喷雾一下，来模仿它的原生环境。

西瓜眼树莲会产生一种乳状汁液，可能会让有些人皮肤过敏，但对宠物是否有影响，目前尚无定论。虽然它被认为是无毒的球兰属植物，但最好还是远离好奇的小动物。

虎皮兰和香龙血树
Dracaena trifasciata and *D. fragrans*

天门冬科
ASPARAGACEAE

龙血树属
Dracaena

龙血树属在天门冬科下，包括了 100 多种植物，是一个多样性很高的属。大多数龙血树植物原产于非洲、南亚和澳大利亚；遗憾的是，由于过度开发利用和原生地遭到破坏，一些龙血树属植物已经被列为濒危物种。

该属有几种植物，包括富贵竹（*Dracaena braunii*）和香龙血树（*Dracaena fragrans*），因长着大气的叶子并具有适应性强的特点而被引种为室内植物。它们能够有效地去除室内空气中的有毒化学物质，如甲醛。这些植物大部分具有剑形的狭长叶子，有些则像树一样，树叶长成了树冠的样子。它们可以开出小巧的花朵，通常呈红色、黄色或绿色，还能结出浆果一样的果实，不过室内栽培很少会结果。

该属中长相最清奇的要数龙血树（Dracaena draco），被切割或者遭到损伤时会渗出血红色树脂，因此而闻名。传说有一条百头龙被杀，从其鲜红的血泊中长出了几百棵树，当地人因此称其树为“龙血树”。

马尾铁树

Dracaena marginata

俗名：马达加斯加龙树、千年木

马达加斯加龙树这样的名称描绘了一幅非常生动的画面，而马尾铁树这样的学名又让人眼前浮现出一种具有线条感、立体感和夸张风格的植物；而真实的马尾铁树就是这样：闪亮的叶子尖利如剑，弯曲如刀，色彩靓丽，极具现代感。

养护匹配：
新手

光照需求：
明亮散射光、全日照

水分需求：
低

土壤要求：
透水性好

湿度要求：
低

繁殖方式：
茎插

生长习性：
直立

摆放位置：
地面、遮阴的阳台

毒性等级：
有毒

马尾铁树是一种坚韧的耐干旱植物，有强大的根系，是一种极好的室内植物。它在明亮的光线下能茁壮生长，弱光条件下生长速度会变缓，叶子也会偏小，颜色偏淡。直射的晨光对它的生长十分有益，避免午后阳光的直射。

说到浇水，还是要遵循见干见湿、不干不浇，浇则浇透的原则。具体来说，要等盆土上半部分干了以后再浇水。光线不足的情况下，需减少浇水的频率。在马尾铁树生长过程中，如果叶尖褐变，则表明植物可能没有吸收到足够的水分，或是盆内累积了太多的盐分或氟化物。在这种情况，建议使用蒸馏水来冲洗盆土。

马尾铁树最高可长到1.8米高，对于室内盆栽来说，这个高度已经非常可观。值得庆幸的是，它不介意花盆有点小，每两年换一次盆就足够了。

月光虎尾兰
Dracaena trifasciata ‘moonshine’

虎尾兰龙血树

Dracaena trifasciata

俗名：蛇草

异名：（虎尾兰属）虎尾兰 *Sansevieria trifasciata*

您可能很难理解一些虎尾兰属物种最近被重新归入了龙血树属这档事。但莎士比亚的名言说得好，玫瑰名字可改，天生美质不移。虎尾兰当然也是如此。

养护匹配：
新手

光照需求：
明亮散射光

水分需求：
低

土壤要求：
粗颗粒、沙质

湿度要求：
低

繁殖方式：
分株

生长习性：
莲座

摆放位置：
书架、花架

毒性等级：
微毒

虽然它的拉丁学名可以更改，但它的俗名保持不变。有时，不待见虎尾兰的人称之为“岳母舌”，因为它直立的叶子有着锋利边缘，正如丈母娘的刀子嘴。我们更喜欢它的俗名“蛇草”，我们向您保证，您一定会超级喜欢它。

它可不仅仅是好看而已，美国国家航空航天局的清洁空气研究认定，虎尾兰可以去除居室中常见的五种有毒物质中的四种，此外它还能耐受弱光条件，水分需求也少。蛇草深受室内园丁的喜爱，这并非虚言。

作为低维护高颜值的植物，虎尾兰也不能完全被扔到一边不管。首先，它需要透水性好的土壤，这是关键，建议选用仙人掌科植物+多肉植物专用的盆土。其次，浇水要待土壤完全干燥，浇水时不能浇到叶子上，以防水分积聚在叶心，导致植株腐烂。

虎尾兰有许多可爱的栽培变种，它们有着形形色色的颜色和图案，但我们对月光虎尾兰（如图所示）情有独钟：它的叶子呈现出梦幻般的银绿色，又完全没有娇滴滴的感觉。有必要指出，虎尾兰的生长速度很快，可以把塑料种植盆放进装饰盆里，这样它们的根茎就不会顶破脆弱的种植盆长到外面来。

唇形科
LAMIACEAE

香茶菜属
Plectranthus

香茶菜属包括 350 多种生长快、易维护的植物，是一个生态多样性很高的属。该属大部分植物原生于澳大利亚、非洲、印度、印度尼西亚和太平洋岛屿的部分地区。

其中，有些种类是可食用的，例如到手香（*Plectranthus amboinicus*）（有牛至、百里香和薄荷的混合气息），有些品种被当作园艺植物是因为它们有漂亮的叶子和花朵，比方说如意蔓（*Plectranthus verticillatus*），光亮的绿色叶子很迷人，比方说龙虾花（*Plectranthus neochilus*），花朵类似于薰衣草；还有些因药用特性而被栽培。

养护匹配：
新手

光照需求：
明亮散射光

水分需求：
中

土壤要求：
透水性好

湿度要求：
中

繁殖方式：
茎插

生长习性：
直立

摆放位置：
书架、花架

毒性等级：
有毒

澳洲香茶菜

Plectranthus australis

俗名：瑞典常春藤

瑞典常春藤这种室内植物最初流行于瑞典，长而垂蔓的茎很容易让人想起常春藤，实际上，这种超级好养的美丽植物既不是源于瑞典，也不是常春藤，这可能让人觉得讶异。不过，它的确是一种奇妙的室内植物，非常适合园艺新人，只需很少的养护就能枝繁叶茂。它那边缘缺口的叶子颇有光泽，值得一赏，而图中所示的斑叶品种，观赏价值就更高了。

在理想光照条件（明亮散射光和早晨的直射阳光）下，瑞典常春藤生长迅速。排水性好的盆土对它的生长也非常重要，因此请使用透水透气的土壤，切记当表土2~5厘米变干时，就要及时浇水。让瑞典常春藤丰茂的叶子从高处倾泻而下，这种观赏视角效果最佳，因此书架是最理想的摆放位置。

经常性修剪枝叶以保持最佳状态，花后掐尖可防徒长，利于保持丰满的株型。

银脉崖角藤
Rhaphidophora cryptantha

银脉崖角藤的叶子非常独特，如屋顶瓦片一般层叠生长，因此俗称“瓦片草”。它需要附着在坚固的支撑柱上向上生长。室内栽培时，用铁皮木（一种澳洲桉树属植物，译者注）支撑柱或者椰柱是最理想的，有了这种供攀附的支撑，银脉崖角藤才能开枝散叶，茁壮生长。

天南星科

ARACEAE

崖角藤属

Rhaphidophora

崖角藤属是天南星科的一个属，包括大约 100 种生长旺盛的常绿攀援植物。它们的自然栖息地范围从热带非洲往东延伸到马来西亚和澳大西亚，然后一直延伸到西太平洋地区。

它们是半附生植物，种子还在枝头时就发芽，根系会垂向地面，钻入土壤；它们也可能从地面开始生长，然后一路向上攀援；极少数品种的崖角藤属植物是水陆两栖的，可以生长在急流中。

裂叶崖角藤

Rhaphidophora decursiva

俗名：爬树龙、爬行蔓绿绒 / 喜林芋

裂叶崖角藤和羽叶拎树藤（*Epipremnum pinnatum*）这两个物种经常被混为一谈，几乎所有苗圃中标记为羽叶拎树藤的植物实际上都是裂叶崖角藤。

养护匹配：
新手

光照需求：
中低

水分需求：
中

土壤要求：
透水性好

湿度要求：
低

繁殖方式：
茎插

生长习性：
攀援、垂蔓

摆放位置：
书架、花架

毒性等级：
有毒

这个植物有可能在泰国组培养实验中被搞混了，或者是批量生产的过程中混淆了，无论哪种情况，我们都可以负责地保证，这种本以为拎树藤属的植物，实际上是另外一个属。更让人挠头的是，裂叶崖角藤又俗称“爬行蔓绿绒”，说明它还曾经被当作喜林芋属。

撇开名字不谈，新手能拥有如此好看又易养活的室内植物，有理由感到高兴。裂叶崖角藤的幼叶呈完美的椭圆形（如图所示），但成熟叶厚实、坚韧，呈羽状，具深裂口。在某些情况下，您可能会发现有些新抽枝没有叶子，这是植物进化中得到的本领，没有叶子的枝条先探索更好生长条件的位置。

同其他天南星科植物一样，室内种植只需要稍加养护，就能造就奇妙的景观。既可以置于吊盆中任其垂曳，也可以给予支撑柱通过气根攀援生长。如果发现生长速度变缓，很可能根系已长满，这时就需要换盆了。

裂叶崖角藤对水和光的要求适中。它比较耐旱，如果浇水间隔过长，它会有垂头和卷叶的现象。表土2~5厘米干透之后再给它浇水，因为它不喜欢根部积水。有明亮散射光的位置对它的生长更加有利，虽然它的确也能容忍光线较暗的环境。这种坚韧的植物还能耐受较低的温度，在各种气候条件下，全年都能在户外健康生长。

EV 23

四子崖角藤

Rhaphidophora tetrasperm

俗名：姬龟背竹

看看它那艺术气息的娇小叶子，您就会明白为什么它会被称为姬龟背竹。它还有些其他的俗称，如金妮喜林芋、短笛喜林芋，但这些名称都有误导性，因为尽管和龟背竹、喜林芋一样都属于天南星科，但姬龟背竹既不是龟背竹也不是喜林芋。

养护匹配：
新手

光照需求：
明亮散射光

水分需求：
中

土壤要求：
透水性好

湿度要求：
中

繁殖方式：
茎插

生长习性：
攀援

摆放位置：
书架、花架

毒性等级：
有毒

四子崖角藤原生于泰国和马来西亚，非常适合室内环境生长，它的俗名“姬龟背竹”很好地体现了它的艺术美和不挑剔的特性，可以说四子崖角藤就是迷你版的龟背竹。这种植物生命力旺盛，尤其是天气暖和的时候，生长强劲，您可能每年都要为它换盆。如果有足够的支撑供它攀援，无论是水苔柱、支撑柱还是棚架，它往往会爆发。置于吊盆内也可以，只不过会导致茎干徒长，叶子变小。

当盆土表层 2~5 厘米变干，就要浇水了，不能让土干的时间太长。虽然偶尔的疏忽照顾，对它并无太大影响，但长远来说还是不太好。姬龟背竹能适应标准的室内湿度，如果能定期喷雾滋润，它能长得更好。过度浇水可能会导致它根腐，尤其是在寒冷的月份，所以一定要让盆土始终保持良好的排水性，冬季减少浇水。

五加科
ARALIACEAE

舍夫勒氏木属 / 鹅掌柴属

Schefflera

舍夫勒氏木属是开花植物的大属，由 600~900 个物种组成，约占五加科植物的一半。它的名字“舍夫勒氏木”是为了纪念19世纪波兰医生、植物学家约翰彼得·恩斯特·冯·舍夫勒。该属由乔木、灌木和木质藤本组成，高度为 4~20 米，通常为木质茎和掌状复叶。因植物叶形似伞，舍夫勒氏木属俗称“伞木”。澳大利亚伞木（*Schefflera actinophylla*，又称澳洲鸭脚木）和矮伞木（*Schefflera arboricola*，鹅掌藤，如右图所示）是两种室内栽植中最常见的鹅掌柴属植物，深受人们的青睐。

养护匹配：
新手

光照需求：
明亮散射光

水分需求：
中

土壤要求：
透水性好

湿度要求：
中

繁殖方式：
茎插

生长习性：
直立

摆放位置：
地面、桌面

毒性等级：
有毒

鹅掌藤

Schefflera arboricola

俗名：矮伞木

鹅掌藤是一种原产于中国台湾和海南的热带乔木，也广泛分布于澳大利亚，它被称为矮伞木，得名于舍夫勒氏木属典型的伞状叶子，但矮伞木的叶子明显比它亲戚澳洲鸭脚木袖珍得多。

毫无疑问，矮伞木能够广受欢迎同它易养护的特点有莫大关系，也不要因为它好养活，就忽视它的需求。在较暗的光照条件下，它虽然可以生存，但可能会徒长或者长势较慢。明亮的散射光最适合，能让它郁郁葱葱。

矮伞木通常具有灌木直立生长的习性，革质叶光泽且茂密。较小的幼株放在桌面上效果很好；一旦长大，地面上则可能更合适它。

偶尔的修剪可以促进矮伞木生长，控制株型避免过于蓬乱。修剪很容易，可以随心所欲，不用拘泥。经过修剪的矮伞木会迅速发芽抽枝，很快就能更加丰茂。

矮伞木有很多栽培变种，叶色和图案都不一样。黄金鹅掌藤（*Schefflera arboricola* ‘gold capella’）（如上图所示），有金绿色的斑叶，曾荣获英国皇家园艺学会的园艺功勋奖。

酢浆草科

OXALIDACEAE

酢浆草属

Oxalis

酢浆草属是一个很大的属，包括 500 多个物种。这些植物遍布全世界，大多数分布在热带和亚热带的南非、墨西哥和巴西。因可食用的叶茎而被当地人栽培，即使口感偏酸。因为酢浆草可以在块茎中储存营养，除草措施对它可能很难奏效，从而成为有害的杂草，所以种植酢浆草之前要三思：种什么品种，种在哪里合适。还有一些酢浆草则不同，成了颇受青睐的花园和室内植物。

酢浆草俗名有酸草、 林地酸模、假三叶草等，有不少品种形似三叶草，并能开出各种颜色的漂亮小花。

养护匹配：
新手

光照需求：
明亮散射光

水分需求：
中高

土壤要求：
透水性好

湿度要求：
中

繁殖方式：
分株

生长习性：
丛生

摆放位置：
桌面

毒性等级：
有毒

三角紫叶酢浆草

Oxalis triangularis

俗名：紫三叶草

三角紫叶酢浆草的叶子呈深紫色或酒红色，叶心有淡紫色的斑块，叶片形似蝴蝶翅膀和三叶草，看起来赏心悦目。白天，它的叶子舒展张开，到了晚上，又像雨伞一样自动收拢，一张一翕合乎昼夜节律。这个特性为它增添了不少魅力值。不仅如此，它还会开出娇小的淡紫色至白色的钟形花，柔美如处子，娴静地处于叶片之间。

三角紫叶酢浆草原产于巴西、玻利维亚、阿根廷和巴拉圭，最大高度和宽幅可以达到 50 厘米。它是一种相对易养护的植物，但如果照料不周，温度过高过低，就可能会进入休眠。如果发生这种情况，请不要担心，因为这是自然现象（有些紫叶酢浆草每年冬天都会休眠），这并不意味着它已经死亡，而只是短暂地休息一下。这时可以剪掉枯叶，减少浇水的次数，避免块茎积水而死——休眠状态下，植物消耗的能量很低；此外，还要避免过于明亮的光线。一旦发现有新叶子长出，就可以将它放在经常摆放的位置，开始按计划浇水。

三角紫叶酢浆草漂亮的叶子可以用来装饰沙拉，但不要食用过多，否则它们所含的酸性物质会让人肠胃不适；宠物如大量食用也会中毒。

卷叶空气凤梨
Tillandsia streptophylla

凤梨科

BROMELIACEAE

铁兰属 / 空气凤梨属

Tillandsia

作为凤梨科成员，铁兰属品种丰富，多达 650 种。铁兰属植物原生于美国、墨西哥、加勒比海和阿根廷等地区的沙漠、沼泽、山区和热带森林等环境，该属有些品种和栽培变种能很好地适应室内种植。

铁兰属植物的独特之处在于似乎仅靠空气就能存活，其俗名“空气凤梨”正来源于此。虽然它们有时会产生小根，但这些小根只有结构支撑的功能，植株完全通过叶子表面小鳞片般的毛状体来吸收养分和水分。

空气凤梨的花朵和花序色彩鲜艳而丰富，有粉红色、蓝色、紫色、黄色、红色等，不一而足；空气凤梨的结构形态千变万化，例如有球根状的犀牛角空气凤梨（*Tillandsia seleriana*），有细长茎的大天堂空气凤梨（*Tillandsia pseudobaileyi*），还有浅绿色卷叶的扭叶空气凤梨（*Tillandsia streptophylla*）（如左图所示）。可以说铁兰属的多样性之高，实在是令人惊叹。

松萝凤梨

Tillandsia usneoides

俗名：西班牙苔藓、老人须

虽然类似于苔藓和地衣，但松萝凤梨实际上是一种附生开花植物。

养护匹配：
新手

光照需求：
明亮散射光

水分需求：
中高

土壤要求：
无

湿度要求：
中高

繁殖方式：
分株

生长习性：
垂蔓

摆放位置：
书架、花架

毒性等级：
友好

松萝凤梨看起来就像是一把乱蓬蓬的大胡子，通常由较细的浅灰色卷叶组成，整体长度可达6米。各个品种和栽培变种的叶片大小粗细和生长习性都不相同（如“超级直”松萝凤梨*Tillandsia usneoides*‘super straight’的叶片就是笔直的）。

松萝凤梨喜欢高湿环境，由于无土栽种和无根系，因此几乎每天都要喷雾，并且大约一周就要浸泡一次，这是养护的关键。但具体操作时间表取决于室内的微气候、季节和植物品种，这里只提供粗略指南，以供参考。给松萝凤梨浇水，最好将其浸入蒸馏水中10分钟。如果叶量很大，一定要在水里轻轻地摆动，尽量让它吸饱水分。浸泡之后，挂在通风良好的位置，这点非常重要，因为如果水分潴留会导致松萝凤梨腐烂。它不是什么特别喜肥的植物，但如果觉得需要用点肥料来改善状态的话，可以偶尔用凤梨科植物专用液肥喷洒叶子，不过记得一定要把液肥稀释到浓度极低的程度。

室内栽培时，这团胡子随便放哪里，既可以挂在其他植物上，也可以挂在钩子上或是放在吊盆里让它垂下来。只要拿取方便就行，因为要经常用水泡它。

电烫卷空气凤梨

Tillandsia xerographica

俗名：霸王空气凤梨

作为最大的空气凤梨之一，这个“坏男孩”的宽幅可以超过 90 厘米，开花时高度也可以达到 90 厘米。

养护匹配：
新手

光照需求：
明亮散射光、全日照

水分需求：
中低

土壤要求：
无

湿度要求：
低

繁殖方式：
茎插

生长习性：
莲座

摆放位置：
书架、花架

毒性等级：
有毒

长着银灰绿色的叶子的电烫卷空气凤梨为莲座外形，叶片从莲座中央出现后逐渐蜷曲，叶片朝叶尖逐渐变细，在莲座上方呈拱形。它的花期能持续几个月，高挑且分枝繁多的花序上渐渐开出黄色、红色、粉红色和紫色的花朵。电烫卷空气凤梨原产于洪都拉斯、萨尔瓦多、危地马拉和墨西哥的干燥亚热带森林，多生长于树梢或岩石上。令人痛心的是，电烫卷空气凤梨在野外已经濒临灭绝。

经过进化，电烫卷空气凤梨已经可以在干燥且阳光强烈的环境中生存，它那大叶子比该属某些品种需要的水分更少，而光照要求更高。大多数大叶子和灰色叶子的空气凤梨都是如此，而那些小叶子、绿叶的空气凤梨通常对湿度和水分的要求更高。室内种植霸王空气凤梨，夏季每周浇水一次，冬季每月浇水一次，每隔几天喷雾一次，情况大概就是如此。当需要浇水时，可以将它在蒸馏水中浸约一小时，然后倒挂控干水分。一定要确保莲座的中心没有积水，否则霸王空气凤梨可能会腐烂，同时长时间的空气潮湿也可能会导致它腐烂并死亡，因此要置于通风好的位置。空气潮湿时它会变得更绿，然后慢慢恢复到正常的灰色调。每月施肥一次，时间选在浇水之后，喷洒空气凤梨专用的低浓度液肥。虽然它生长缓慢，但很快就会成为室内花园的亮点。

五加科
ARALIACEAE

白鹤芋属
Spathiphyllum

白鹤芋又称白掌，该属植物原产于东南亚和美洲的热带地区，作为易于养护的室内植物而闻名。它那丰盛的绿叶与花状佛焰苞相映成趣，常见的佛焰苞有白色、黄色或绿色。

对不同水平的种植者来说，白鹤芋都是友好的品种，一方面它们易于养护，一方面又能吸附空气中的毒素，对于低光照条件也应付自如。花叶品种“毕加索”白鹤芋（*Spathiphyllum* sp.‘Picasso’）和叶子非常宽大的品种“感觉”白鹤芋（*Spathiphyllum* sp.‘Sensation’）都令人喜爱。

养护匹配：
新手

光照需求：
中低光照、明亮散射光

水分需求：
中

土壤要求：
透水性好

湿度要求：
中

繁殖方式：
分株

生长习性：
丛生

摆放位置：
桌面、地面

毒性等级：
微毒

白掌

Spathiphyllum sp.

俗称：和平百合

和平百合是一种真正经典的室内植物，全世界的室内环境中都常见它们的身影。人们喜欢它们那丰盛而有光泽的叶子，还有它们易于养护的特性。而且，与许多室内植物不同，只要在明亮散射光和温和的直射光下，和平百合就能盛开。通常，它会一年开两次花，花期持续一个月以上。洁白的佛焰苞犹如和平的旗帜一般，这也许就是“和平”两字的渊源了。

和平百合在极度缺水的情况下叶子会下垂，看到这个迹象就要赶紧有规律地浇水。夏季，放置在明亮的散射光线下，一旦表土 5 厘米干透就要浇水（冬季相应要等到表土 6 厘米干透），如果在光线较弱的情况下，那么表土还要再多干透 2 厘米才能浇水。

给叶片除尘、从花柄和叶柄基部剪掉残花和残叶，来保持植株的整洁。每周喷雾一次，天气暖和时每两周施一次半浓度的液肥，开花时增加到每周一次。叶尖褐变通常是浇水过多或过少的标志，这时候要监测植物的光照和水分，保持健康生长所需要的均衡。

天南星科
ARACEAE

雪铁芋属
Zamioculcas

作为天南星科的成员，雪铁芋属只有一个物种，那就是雪铁芋（*Zamioculcas zamiifolia*）。民间叫法是桑给巴宝石或金钱树，原产于非洲东部和南部。

多年来，一直有谣言说这种植物有毒，甚至会致癌，但都是空穴来风而已。相反，有一些研究表明，雪铁芋实际上对健康有益，可有效去除空气中的有害化学物质，如挥发汽油、甲苯、乙苯和二甲苯。

养护匹配：
新手

光照需求：
中低

水分需求：
低

土壤要求：
透水性好

湿度要求：
低

繁殖方式：
分株

生长习性：
丛生

摆放位置：
书架、花架

毒性等级：
有毒

雪铁芋

Zamioculcas zamiifolia

俗名：桑给巴宝石

雪铁芋不仅能有效净化空气，而且很可能是最耐寒的室内植物，以至于它有时被称为“不死植物”。它的深绿色肉质叶富有光泽，叶柄直接从植物的根茎基部长出，可以长到60厘米高。如果极度缺水，它的叶子会脱落，植株会将残余的水分和能量储存在茎中，直到恢复养护，再次焕发生命力。我们曾见过雪铁芋有几个月没浇水，但看起来还是生机勃勃。不过，尽量不要测试您的ZZ植物有多耐旱，浇水要安排上，一旦盆土差不多干透了就给它浇浇吧。

雪铁芋养在光线相当昏暗的地方也不会死，对于办公室和缺少光照的房间，它是一种完美的植物。它的弧形茎干很容易折断，所以要将其放在碰触比较少的地方。它可以通过叶插来繁殖，但这个过程比较缓慢，因此建议分株繁殖——它的根茎如同马铃薯一样，可以轻松分开。雪铁芋生长相对较慢，因此不需要大量施肥，夏季每月一次，使用半浓度液肥就可以了。

凤尾蕨科

PTERIDACEAE

铁线蕨属
Adiantum

铁线蕨这个属极具多样性，共有 250 个品种。鲜绿色的叶子配上黑色的茎，对比鲜明，精致美丽。铁线蕨属“*Adiantum*”这个名字来源于希腊语“adiantos”，意为“不湿润的”，说的是铁线蕨的叶子即使在水下也能保持干燥，这要归功于它们叶子上覆盖着的一层极细的绒毛，这层绒毛赋予铁线蕨神奇的能力，让它们的叶片具有疏水、自洁的功能。铁线蕨来自全球各地——从新西兰、安第斯山脉到中国和北美，有的陆生，有的附生，有的因为生长在瀑布之侧而平添一份浪漫气息。

埃塞俄比亚铁线蕨

Adiantum aethiopicum

俗名：少女的发丝

当听到“少女的发丝”这个名字时，您眼前可能就会浮现出这样一种植物，它有精致的叶子和金属丝一般的黑色茎。

养护匹配：
园艺能手

光照需求：
明亮散射光

水分需求：
中高

土壤要求：
保湿

湿度要求：
中高

繁殖方式：
分株

生长习性：
丛生

摆放位置：
书架、花架

毒性等级：
友好

少女的发丝铁线蕨原产于非洲、新西兰和澳大利亚，它是少数能在室内茁壮成长的澳大利亚原生植物之一（其他的澳洲原生植物还有肯蒂亚棕榈、澳洲河薄荷和鹿角蕨）。在野外，它生活在小溪旁和其他较高湿度的环境中，因此盆栽时需要始终保持土壤湿润，盆土表面一变干就要立即浇水，否则它的叶子立刻就会变干变脆。它喜欢中等湿度，但不喜欢叶子沾水，所以不要给它喷水，可以让它与其他植物组合在一起——这种小生境中的湿度会更高。少女的发丝铁线蕨有非常娇气的名声，在种植道路上我们也曾经历过坎坷和失败，但只要照顾得当，它就能欣欣向荣、美丽永驻。少女的发丝铁线蕨的根茎在土中匍匐生长，很快就能长出新的丛生株，浅绿色的叶子呈优雅的弧形，植株高度可达 50 厘米。修剪可让植株保持整洁美观，防止徒长。平时维护要用锋利的修枝剪从茎基部剪掉所有的枯枝败叶，冬末时对它来次重剪，能促使它在春天萌发更多的新枝。

少女的发丝铁线蕨容易招来蚧壳虫，因此请留意害虫的侵扰，及时除虫。值得庆幸的是，作为纯正的蕨类植物，少女的发丝铁线蕨对宠物是安全的。

脆铁线蕨

Adiantum tenerum

俗名：薄脆少女发蕨

脆铁线蕨是一种真正罕见的植物，原生于美洲和北美加勒比海地区的某些地方，在阴凉的洞穴和潮湿的岩架上可以找到它的踪迹。

养护匹配：
园艺能手

光照需求：
明亮散射光

水分需求：
中高

土壤要求：
保湿

湿度要求：
高

繁殖方式：
分株

生长习性：
丛生

摆放位置：
书架、花架

毒性等级：
友好

与少女的发丝相比，脆铁线蕨叶缘皱褶更多更明显，但还是有着和前者类似的扇形样式。脆铁线蕨的新叶呈浅绿色，颜色会逐渐变深。如果钟情于美丽的色彩，请选择华丽粉红脆铁线蕨（*Adiantum tenerum*‘gloriosum roseum’），它那粉红色的叶子让它在蕨类植物中独树一帜。

脆铁线蕨在明亮的散射光下生长良好，要让它远离强烈的直射光。它们需要用保湿的盆土来栽种，土壤表面变干就要浇水。定期喷洒室温水也有助于提供脆铁线蕨所需的高湿度。像许多蕨类植物一样，脆铁线蕨对肥料非常敏感，因此请选择轻缓的蕨类植物专用肥料，并一定要将其稀释至标准浓度的一半来使用。冬季脆铁线蕨的生长会明显变慢，因此请停止施肥，并减少水量、降低频率，等到天气回暖再恢复正常施肥和浇水。初春时，要剪掉枯叶促使萌发新叶，这样脆铁线莲的整体形态才会整洁有型。

骨碎补科

DAVALLIACEAE

骨碎补属

Davallia

骨碎补属是骨碎补科中唯一的属。它们原生于澳大利亚、亚洲、非洲和太平洋岛屿，由大约65种彼此密切相关且通常难以区分的物种组成。这些植物以其气生的根茎和地上茎而闻名——好像动物毛茸茸的脚。它们通常附生生长，也有岩生和陆生的。该属中最常见的栽培变种是野兔脚蕨（*Davallia canariensis*）和兔脚蕨（*Davallia fejeenis*，如右图所示），它们都具有该属的典型特征：漂亮的三角形叶子。

养护匹配：
园艺能手

光照需求：
明亮散射光

水分需求：
中

土壤要求：
保湿

湿度要求：
中

繁殖方式：
分株

生长习性：
丛生

摆放位置：
书架、花架

毒性等级：
友好

斐济骨碎补

Davallia fejeenis

俗名：兔脚蕨 / 狼尾蕨

斐济骨碎补原产于斐济，具有毛茸茸的兔脚状根茎——这种根茎已经成了该属的名片。室内种植时，这种毛茸茸的根茎能爬到花盆的边缘之外，正是这种不寻常的特征，以及它们柔软有仙气的蕾丝状叶子，使得骨碎补成了人们的心头爱。

兔脚蕨喜欢明亮的散射光线，因此请确保不要晒到强烈的直射光，这会让它娇嫩的叶子变脆。与大多数其他蕨类植物不同，骨碎补属植物可以容忍略低的湿度水平，但最好还是将湿度保持在中等水平。请记住，翻盆时不要将兔脚蕨的气生根埋在土壤中。

将兔脚蕨种在吊篮中非常不错，这样气生根就能垂在花盆外，或者把兔脚蕨盆栽置于花架上展示。虽然它对害虫有很好的抵抗力，但空气不流通、土壤干燥还是会导致白虱蚧壳虫（一种讨厌的蕨类害虫）的发生。这种小虫子很容易被忽视，然后就会迅速滋生蔓延。众所周知，蚜虫也会攻击初生的嫩叶，尤其是在春天，它们会从室外飞进来。与大多数蕨类植物一样，兔脚蕨娇嫩的叶子也不耐受任何类型的叶子光亮剂或刺激的化学杀虫剂。只能用喷雾来去除灰尘和讨厌的虫子之类，或者使用温和的蕨类专用杀虫剂。

凤尾蕨科

PTERIDACEAE

泽泻蕨属

Hemionitis

泽泻蕨是凤尾蕨科下的属。尽管卡尔·林奈在其1753年的《植物种志》（*Species Plantarum*）中首次正式描述了泽泻蕨，但该属得名先于他。它来源于希腊词 hemionus，意思是“骡子”，意指该属植物为不育，这是当时人们所相信的。虽然对该属有各种猜想，2016年的《蕨类植物种系发生学组分类》表明泽泻蕨是碎米蕨亚科（*Cheilanthoideae*）下的20个属之一，只包括大约5个物种。

养护匹配：
园艺能手

光照需求：
明亮散射光

水分需求：
高

土壤要求：
保湿

湿度要求：
高

繁殖方式：
分株

生长习性：
丛生

摆放位置：
桌面

毒性等级：
友好

泽泻蕨

Hemionitis arifolia

俗名：心叶蕨

泽泻蕨是一种特别可爱的微型蕨类植物，叶子呈心形，所以被称为心叶蕨。它绝对是该属中最精巧的一种，作为东南亚的本土植物，它的株高通常不超过20厘米，再加上喜湿的习性使其非常适合种植在玻璃微景观生态瓶中。但它也可以成为完美的盆栽植物，只要土壤始终保持湿润。此外，也可以把它附生在软木树皮上养护，定期喷雾以补充水分，就能健康地生长。

心叶蕨毛茸茸的黑色茎向外伸展，偶有鹤立鸡群的叶片会高耸于其他叶片之上。它的幼叶呈浅绿色，长大后变暗为深绿色。叶子有两种形态，这意味着有些叶子是不育的，有些是可育的。

心叶蕨不需要太多照料，但如果养护得当，它将以美好的容颜加以回报。它需要明亮的散射光，同时要保持植株周围较高的湿度，这样的环境非常有利于心叶蕨长得枝繁叶茂。

石松科
LYCOPODIACEAE

石杉属
Huperzia

植物学家对石杉属的分类和所包括的物种存在一些争议。一些人认为该属其实包括了石杉属和马尾杉属（*Phlegmariurus*）两个不同的部分，而另一些人则认为该属应该被归到石杉科（*Huperiaceae*）之下。在本书中，我们指的石杉属是石松科下的石杉属。

不谈分类学的话，这些植物通常被称为冷杉苔、冷杉石松或流苏蕨，它们具有针状或鳞片状的叶子。作为适应性极强的一个属，石杉分布在从热带到北极，从低海拔地区到高纬度地区的各种生境里，并且有陆地、附生和岩生这三种不同的生长习性。令人难以置信的是，它们还是现存最古老的植物群之一，早于蕨属植物和其他大多数的侏罗纪植物！

养护匹配：
新手

光照需求：
明亮散射光

水分需求：
中高

土壤要求：
透水性好

湿度要求：
高

繁殖方式：
分株

生长习性：
垂蔓

摆放位置：
书架、花架

毒性等级：
不明

杉叶石松

Huperzia squarrosa

俗名：岩生流苏蕨

杉叶石松这种具有优雅悬垂茎的蕨类植物深受植物爱好者的青睐，但可惜的是，由于栖息地破坏和过度采集，这种稀有植物在野外已经濒临灭绝。它有着毛茸茸的浅绿色枝条，枝条上又长出更多的分枝，枝条末端流苏一般的叶子里隐藏着孢子，枝条可长达 75 厘米，优雅地垂向地面。有趣的是，这种植物具有药用价值，可以用来治疗阿尔茨海默病和帕金森病——这是一个真正的自然奇迹。

杉叶石松为附生或岩生，因此，粗糙、透水、透气的兰花盆土可以促进根系健康生长。由于根系小而浅，杉叶石松不喜欢过多的栽种介质，许多种植者会在盆底加入聚苯乙烯（泡沫板）。最好不要给它翻盆，因为它很难从换盆这种剧烈的生境变化中恢复过来。好在种植杉叶石松多年不换盆也绝对没问题。

直射光会灼伤它的叶子，所以给予明亮的散射光即可，一定要避免强烈的光线。在自然界中，杉叶石松生长在沼泽和水境附近，因此要通过经常浇水来模仿潮湿的环境。在温暖的生长季节，可以使用蕨属和石杉属植物专用肥，四分之一浓度即可，一定要尽量少施肥。这种植物需要高湿度和高通风环境，因此要放在有水和石子的托盘上，并经常打开窗户。

样本：高大肾蕨波斯顿变种
Nephrolepis exaltata var. *bostoniensis*

肾蕨科
NEPHROLEPIDACEAE

肾蕨属
Nephrolepis

肾蕨通常被称为剑蕨，因为它们长锥形的叶子或直立如剑或优雅如弯刀。它是肾蕨科中唯一的属，大约包括了 30 种蕨类植物。这些蕨类植物为陆生或附生，可以在亚洲、非洲、中美洲和西印度群岛的许多热带地区找到它们的踪迹。

肾蕨拉丁学名中的“nephro”来源于希腊语单词“nephros”，意思是“肾”，而“lepis”意思是“鳞片”，指肾蕨叶片背面覆盖在孢子囊（产生并贮存孢子的簇状构造）外面的那层膜。因为高大肾蕨波士顿变种，您可能猜对了，这个变种在马萨诸塞州的波士顿首次得到了描述，时间是 19 世纪，当下风靡一时，整个肾蕨属的植物有时都被称作“波士顿蕨”，当然这是错误的叫法。不管叫什么名字，这些需求不高、生命力顽强的肾蕨属植物都是理想的室内栽培品种。

长叶肾蕨

Nephrolepis biserrata

俗名：霸王蕨

长叶肾蕨比高大肾蕨更强壮威猛，好比是波士顿蕨用了类固醇而成了肌肉猛男。这种蕨产于美国佛罗里达州、墨西哥、西印度群岛和中南美洲，常被称作霸王蕨。

养护匹配：
新手

光照需求：
明亮散射光

水分需求：
中高

土壤要求：
保湿

湿度要求：
高

繁殖方式：
分株

生长习性：
莲座

摆放位置：
书架、花架

毒性等级：
友好

霸王蕨优雅下垂的叶子可以长到一米多长，特别令人印象深刻。如果摆放在花架上或悬挂起来，霸王蕨就能够得到足够的空间，来伸展它那壮美的叶子，如瀑布倾泻般壮观。

霸王蕨的养护要点和波士顿蕨一样，要保持盆土湿润，但是不要过度潮湿，要根据四季变化来调整浇水方案，冬天要少浇水。霸王蕨的叶子比波士顿蕨更厚实，更有韧性，对干燥的盆土适应性更强，落叶情况更少见，这对于爱整洁的人士来说是一个很大的优点。

虽然霸王蕨在室外能够很好地适应荫蔽的环境，但是地栽的话很容易失控成为侵略性植物，所以一定要注意自然环境条件并将它栽种在容器内，确保其不会肆意蔓延。

高大肾蕨波士顿变种

Nephrolepis exaltata var. bostoniensis

俗称：波士顿蕨

一株丛生的成熟波士顿蕨看起来真是蔚为壮观，只要正确地养护，波士顿蕨能长得极为茂盛，为室内带来让人赞叹不已的一片绿意。

养护匹配：
园艺能手

光照需求：
明亮散射光

水分需求：
中高

土壤要求：
保湿

湿度要求：
高

繁殖方式：
分株

生长习性：
莲座

摆放位置：
书架、花架

毒性等级：
友好

对许多人来说，谈到肾蕨时首先想到的就是波士顿蕨，它是一种在世界范围内非常受欢迎的室内植物。高大肾蕨相对需求较低，养护并不困难，但光照和湿度这两个因素不可忽视。波士顿蕨喜欢潮湿，因此建议每两周喷雾一次，摆放在阴凉并有散射光的位置最理想。您也可以将植物放在装了水和鹅卵石的托盘上，以此提高环境湿度。

波士顿蕨盆栽的土壤应始终保持湿润（但不要积水），只让土表变干。天气变冷后，波士顿蕨生长会变缓，此时需要的水略少，但土壤若是长时间干燥，会让波士顿蕨茂密的叶子变脆并枯萎，这真是园艺爱好者不愿意看到的糟糕局面。好消息是，波士顿蕨生命力顽强，可以通过大刀阔斧地修剪和持续地养护而恢复活力。

水龙骨科

POLYPODIACEAE

鹿角蕨属

Platycerium

王家风范的鹿角蕨属包括 19 种植物，通常被称为麋鹿角蕨或公鹿角蕨。它们原产于澳大利亚、非洲、南美洲、东南亚和新几内亚，大部分是热带植物，但有些物种也进化到能够适应沙漠环境。几乎可以在任何一个植物园中找到它们的身影，它们引人注目的外观深受植物学家和室内植物栽培者的喜爱。

鹿角蕨属成熟植物的根系是从短小的地下根茎中长出来的，这些根系小而密集，呈丛生状。长出的叶子有两种类型：从基部发出的叶子是不育的，通常呈盾形并附着在寄生树上，叶片会覆盖住根部以保护根系；某些鹿角蕨品种的不育叶的顶部形成了一个开口，可以接住营养物质和水来滋养自己；那些可育的叶子呈鹿角形，从根茎部位延伸出来，朝下的叶背能结出孢子。

二岐鹿角蕨

Platycerium bifurcatum

俗名：麋鹿角蕨

二岐鹿角蕨原产于澳大利亚、新几内亚和爪哇岛，这种赏心悦目的附生植物，无论是装饰墙面的大型植株，还是小棵盆栽，都同样美轮美奂。在野外，它生长在树干上，高度可达 90 厘米，宽幅也将近 90 厘米。

养护匹配：
新手

光照需求：
明亮散射光

水分需求：
中

土壤要求：
透水性好

湿度要求：
中高

繁殖方式：
分株

生长习性：
莲座、丛生、垂蔓

摆放位置：
书架、花架

毒性等级：
友好

二岐鹿角蕨的成株由一组较小的子株组成，叶子分为两种，一种是盾状基叶，平贴着附在树干上，从这些基叶上会长出更薄的、分叉的、灰绿色的可育叶片，形状类似麋鹿的鹿角。基叶老了后会变成棕色，但不要摘掉它们。可育的叶子通常平均长度为 25~90 厘米，上面覆盖着绒毛，可避免水分流失和阳光照射的伤害。

二岐鹿角蕨通常会固定在木片上出售，但幼小的植株也适于花盆栽种。无论是哪种栽种方式，它们都喜欢潮湿的环境，浇水必须有规律，要经常浇水，夏季盆土或者包裹住这些蕨类的苔藓稍微变干就要浇水。施肥的话，只有春秋两季可以用四分之一浓度的稀释液肥来给它们施肥，还要注意使它们远离强烈的直射阳光。

二岐鹿角蕨能够很好地适应生长环境，作为耐受力极强的植物，它们在低湿度下也生机勃勃，但较为潮湿的环境会更适合生长。

固定二岐鹿角蕨的方法如下：在木板背部钉上四个螺钉（钉尖稍微冒头），将麋鹿角蕨的根部包裹在水苔球中；将水苔球按在木板上，用钓鱼线来回缠绕着钉子的同时压住水苔球，通过这种方法将二岐鹿角蕨固定住。不久之后，您的二岐鹿角蕨就会长到可以盖住螺丝和钓鱼线的程度了。

巨大鹿角蕨

Platycerium superbum

俗名：公鹿角蕨

巨大鹿角蕨这种壮观大气的蕨类植物原产于澳大利亚、印度尼西亚和马来西亚的部分热带、亚热带地区，与它的表亲二歧鹿角蕨有许多相似的特征。

养护匹配：
新手

光照需求：
明亮散射光

水分需求：
中

土壤要求：
保湿

湿度要求：
中高

繁殖方式：
孢子

生长习性：
莲座、丛生、垂蔓

摆放位置：
书架、花架

毒性等级：
友好

巨大鹿角蕨像二歧鹿角蕨一样，会依附在野外的树木上，有时也会从岩石中生长出来。它比二歧鹿角蕨大——基叶可以长到1米宽，可育叶能长到2米长。这些可育叶像公鹿的鹿角一样从基部叶子中展开，比二歧鹿角蕨的可育叶宽得多，但这些叶子依然会朝着叶尖方向形成渐次变小的分叉。

在野生状态下，长在巨大鹿角蕨上半部分的基叶会稍稍远离所附生的树，这样落叶、死昆虫和水就能汇集在其巢状的叶片中，为其提供必需的营养，如钾和钙。尽管您可能听说用茶叶或香蕉皮作为有机肥来使用，但不推荐这种做法，尤其是在室内。腐烂的有机物会滋生昆虫、霉菌，有时还有真菌，因为在居家环境中分解这些有机物所需的时间太长了。在夏季可以偶尔给巨大鹿角蕨补充对蕨类植物友好的半浓度液体肥。它们喜欢潮湿的环境和充足明亮的光照（主要是散射光），柔和的晨光它们也会很受用。不要过度浇水，否则根和基叶会腐烂。

培植的巨大鹿角蕨通常会固定在木板上，繁殖不易。与二歧麋角蕨不同，它更难分株繁殖，因此许多种植者通过孢子来繁殖它们。要繁殖的话，先准备好育苗盆（花盆或育苗盘）和足够填满容器的椰糠，然后用开水消毒花盆和盆土。孢子生长在可育叶背面，一旦成熟，就会从绿色孢子变成毛茸茸的棕色孢子。收集孢子的话，先等到孢子成熟，切下几片叶子，放在纸袋里。等叶子变干，用手指轻轻刮下孢子，将它们均匀地播撒到椰糠上。不要用土覆盖孢子，要轻拍孢子让它落在苗床上。建议用玻璃或塑料薄膜盖住育苗盆，以保护孢子，保持该区域无菌并保持高湿度水平。将种植了孢子的育苗盆放在一个温暖且有明亮散射光的地方，确保盆土湿润，托盘里面放上水可以增加水分，这样对孢子没有扰动。几个月后（一定要有耐心哦），小鹿角蕨就会现身，这时就可以移除玻璃或塑料膜；大约一年后，可以将幼苗移植或者盆栽了。

槟榔科
ARECACEAE

豪爵椰属
Howea

豪爵椰属只有两种棕榈，即璎珞豪爵椰（*Howea belmoreana*）和平叶棕（*Howea forsteriana*），是澳大利亚东海岸附近的神奇天堂——豪爵岛的特有种。豪爵椰最早记录于 18 世纪 70 年代后期，这个以前无人居住的岛屿虽然很小，但拥有多样化的生境和多得令人难以置信的本地特有动植物群。探险家和植物学家将豪爵椰和其他样本一起带回了欧洲，后来这些植物成了 19 世纪欧洲的时髦植物。

璎珞豪爵椰（俗称“哨兵椰”或者“卷叶豪爵椰”）在今天仍然很受欢迎，它的叶子大多呈拱形，冠部类似于一把伞，而平叶棕（又叫“肯蒂亚棕榈”，如图所示）的叶子更加直立挺拔。璎珞豪爵椰多见于豪爵岛海拔较高的地方，能耐受较低的温度，而平叶棕在豪爵岛上海拔较低的森林中数量更多。

养护匹配：
新手

光照需求：
明亮散射光

水分需求：
中

土壤要求：
透水性好

湿度要求：
中低

繁殖方式：
种子

生长习性：
直立

摆放位置：
地面

毒性等级：
友好

平叶棕

Howea forsteriana

俗名：肯蒂亚棕榈

平叶棕是两种豪爵椰中更受欢迎的一种，这是一种优雅、柔软、深绿色的棕榈，在室内生长得相当好。在野外，它可以长到 15 米高，但在室内，它的生长速度会慢些，并保持在方便打理的高度。

这种棕榈喜欢肥沃、透水的土壤，所以天气转暖之后，一定要每两周施用一次液肥。它喜欢水但不能过量，等盆土表面 5 厘米变干之后再浇水。像许多室内植物一样，平叶棕也喜欢室外的雨水，干净的雨水不仅能够浇灌它们，还能帮助冲洗掉盆土中累积的盐分和叶面上的灰尘。记得太阳出来前把它移进室内，否则可能晒伤叶子。

平叶棕很容易出现蚧壳虫和粉蚧，因此请定期检视叶子。如果叶子上有害虫的迹象，用水管轻轻地冲洗，可以喷洒生态油并擦拭叶片。每周检查叶子，重复上述操作，直到消除所有的害虫。平叶棕只能通过种子繁殖，有时种植者会把多株种在一个花盆里，如果您发现花盆里确实有两棵植株，那您就走运了，把它们分种到两个花盆里，一变为二，这是多开心的事。

棕榈科
ARECACEAE

蒲葵属

Livistona

蒲葵属是扇形棕榈的集合，原产于亚洲、澳大拉西亚和非洲部分地区，19 世纪初澳大利亚的植物学家罗伯特·布朗（Robert Brown）首次描述了这种植物。该属的名称纪念了利文斯通（Livingstone）男爵帕特里克·默里（Patrick Murray），爱丁堡皇家植物园就是从他收罗的大量植物起家的。属于棕榈科的蒲葵属包括 30 多种植物，其中有深受欢迎的澳洲蒲葵（*Livistona australis*）（又称白菜树棕榈）和蒲葵（又称中华扇叶葵，如右图所示）。

养护匹配：
新手

光照需求：
明亮散射光、全日照

水分需求：
中

土壤要求：
透水性好

湿度要求：
中低

繁殖方式：
种子

生长习性：
直立

摆放位置：
地面

毒性等级：
友好

蒲葵

Livistona chinensis

俗名：中华扇叶葵

蒲葵长着宽阔的绿色扇形叶子，是一种具有美丽线条感的棕榈。它原产于中国和日本，在户外它可以长到12米的高度，成熟的叶子为裂叶，优美地垂向地面。在室内，通过正确的养护，蒲葵可以达到3米高，营造出一派热带风情。

作为一种相对低维护的植物，中华扇叶葵每天只需要几个小时的直射阳光，其余时间有充足的明亮散射光就可以。它生长缓慢，在温暖的季节每月施肥。它喜欢适量的水，让盆土表面5厘米变干后再浇水。注意不要过度浇水，否则会导致烂根并影响其整体健康，易于被害虫为害。给叶子除尘并给它们喷水以提高湿度，就能减少害虫影响。

如果中华扇叶葵的叶尖变成了棕色，这通常表明它缺水了。买家买到的蒲葵通常都是大型植株，已经在花盆中生长了数年才达到了现在的高度，此时盆土已经耗尽了营养。因此，盆土常常已经变得板结不透水。可以添加吸水的有机介质或用新的营养土给它们换盆来解决这个问题。

棕榈科
ARECACEAE

棕竹属
Rhapis

棕竹属植物通常被称为淑女棕榈树，由大约 10 个品种组成，原产于东南亚，迄今为止已经种植了多个世纪。“Rhapis”在希腊语中是“针”的意思，用作属名指棕竹那狭窄的叶子或锐利的叶尖。

作为一种扇形棕榈，棕竹属和其他棕榈属相比，通常株形较矮，由于这点，特别适合室内栽培。该属中生长最高的棕竹当属细叶棕竹（*Rhapis humilis*）（俗称“矮棕竹”），在户外可以长到约5米高，而更常见的大叶棕竹（*Rhapis excelsa*）（俗称“观音棕竹”，如右图所示）只有4米高。它们的叶子都类似掌状，而薄叶棕竹（*Rhapis subtilis*）的叶子特别纤细优雅。除了上述种类，还有一些有趣且难以上手的栽培品种，包括带条纹的白色或黄色斑叶的观音棕竹。

养护匹配：
新手

光照需求：
明亮散射光

水分需求：
中

土壤要求：
透水性好

湿度要求：
低

繁殖方式：
分株

生长习性：
直立

摆放位置：
地面

毒性等级：
友好

大叶棕竹

Rhapis excelsa

俗名：观音棕竹

最常种植的棕竹是耐寒的大叶棕竹，又称观音棕竹。它那纤细的绿叶从众多的纤维鞘中生长出来，就像烟花一样华丽地绽放。由于它是丛生的，在户外种植时树冠可以达到株高的尺寸。由于生长缓慢，它通常比其他棕竹更贵，但不要因此感到不快，因为它非常耐寒，不需要太多操心就能长得很高大。

大叶棕竹在明亮散射光的光线下能够茁壮成长，也能很好地忍受弱光条件，只不过要避开会灼伤叶子的强烈直射光。它对湿度不是很挑剔，但要远离加热器，如果空气比较干燥，可以偶尔喷一下水。大叶棕竹喜欢适量浇水，可以在盆土表层5厘米变干之后再浇水。但是切勿让盆土完全变干，因为这会导致叶子干枯呈褐色。像大多数棕竹一样，观音棕竹并不太需要施肥，在叶子变黄情况下，补充新土或施用温和的液肥对它颇有益处。平时可以修剪掉发黄的叶子以保持清爽的造型，如果有的新枝奄奄一息表明有可能被真菌感染，最好剪掉被感染的枝干来防止真菌蔓延。

泽米铁科

ZAMIACEAE

鳞木铁属

Lepidozamia

鳞木铁属是澳大利亚特有的，仅由两个物种组成：霍普氏鳞木铁（*Lepidozamia hopei*）和裴氏鳞木铁（*Lepidozamia peroffskyana*）（如右图所示）。鳞木铁属归在泽米铁科之下，看起来有点像蕨类植物或棕榈树。

鳞木铁属植物生长在新南威尔士州和昆士兰州潮湿的热带雨林中，广泛用于花园和家庭室内栽培。幼苗更适合室内环境，能够为植物搭配组合增加线条感。

养护匹配：
新手

光照需求：
明亮散射光

水分需求：
低

土壤要求：
粗颗粒、沙质

湿度要求：
低

繁殖方式：
种子

生长习性：
丛生

摆放位置：
桌面

毒性等级：
有毒

裴氏鳞木泽米

Lepidozamia peroffskyana

俗名：鳞片泽米

成年的裴氏鳞木泽米看起来非常像棕榈，鳞片状的棕色树干上长出了深绿色、有光泽的拱形叶子，这种植物是野外最高的苏铁树种之一，高度可达 7 米。它的雄性或雌性种子锥从大约 50 厘米高的莲座丛中心长出来，当螺旋形的种子锥长到 1 米高时，就会释放出花粉。没有树干（因此没有锥体）的幼苗更适合限制了植株大小的室内栽培。请注意，裴氏鳞木泽米的种子有毒，但对于未成熟的小型室内植株而言，这并不是什么问题。

在野外，裴氏鳞木泽米通常生长在沙质土壤中。在室内，它可以忍受干旱，通常不需要肥料，但最好在盆土完全干燥之前浇水。可以放置在有充足明亮散射光的地方。要留意并及时清除蚧壳虫，可以用生态油喷洒、擦拭感染了蚧壳虫的叶片。虽然裴氏鳞木泽米生长缓慢，但在适当的条件下，它可以茁壮生长许多年，让您欣赏它们所营造的令人印象深刻的史前氛围。

茅膏菜科
DROSERACEAE

茅膏菜属
Drosera

茅膏菜属植物有近 200 种，是最大的食虫植物属之一。除南极洲外，在世界各地都可以找到这种植物。它们适应力极强，在贫瘠的环境中把昆虫作为食物来源而兴盛繁衍。它们的俗名叫“太阳露珠”，意指该种植物叶子边缘会分泌类似露水的黏液以诱捕猎物。

这些植物通常以莲座方式生长，其莲座的高度可以从 1 厘米到 1 米不等。无论大小的茅膏菜外观都多姿多彩：肉饼毛毡苔（*Drosera falconeri*）长着粉红色的勺状叶子，好望角茅膏菜（*Drosera capensis*）长着细花边叶子，而银匙茅膏菜（*Drosera ordensis*）就如同海洋生物般的。这是一个非常神奇的属，有关这个属的知识趣味丛生。查尔斯·达尔文就对这个属的植物极其痴迷，他在一封信中写道：“比起物种的起源，我更关心茅膏菜。”

养护匹配：
园艺专家

光照需求：
明亮散射光、全日照

水分需求：
高

土壤要求：
保湿

湿度要求：
中

繁殖方式：
叶插、分株

生长习性：
莲座

摆放位置：
窗台

毒性等级：
微毒

茅膏菜

Drosera sp.

俗名：太阳露珠、捕蝇草

这些有趣的生物有触手状的叶子，会分泌一种甜味的黏液来诱捕猎物。其中一些触手会移动以困住猎物或迅速将它们弹射到植株的莲座中心，用不了一刻钟，被俘获的昆虫就会因筋疲力尽而死，或是淹死在黏液中。这时茅膏菜会分泌酶来溶解昆虫并吸收其营养。茅膏菜的花朵是在植株的高处，这样昆虫就会在被困住前先完成授粉的工作。

大多数茅膏菜都需要全日照，只有少数能适应明亮的散射光环境。如果在户外种植茅膏菜，要注意大风和直射光的影响。只能用蒸馏水浇灌它们，并确保土壤的湿润，可以将花盆放在装了水的托盘中以提高土壤的湿度。

在室外条件下，茅膏菜能捕捉到猎物，这对它们有好处，在室内栽培时，需要每月喂它几次小昆虫，如无翅果蝇。切勿给茅膏菜施肥，因为它会从猎物身上获取所需的所有营养，施肥可能会损害植物脆弱的根系。茅膏菜可以分株繁殖，也可以切叶繁殖——把带着一小段茎干的切叶置于蒸馏水上层，几周后切叶上长出新的子株，就算大功告成。

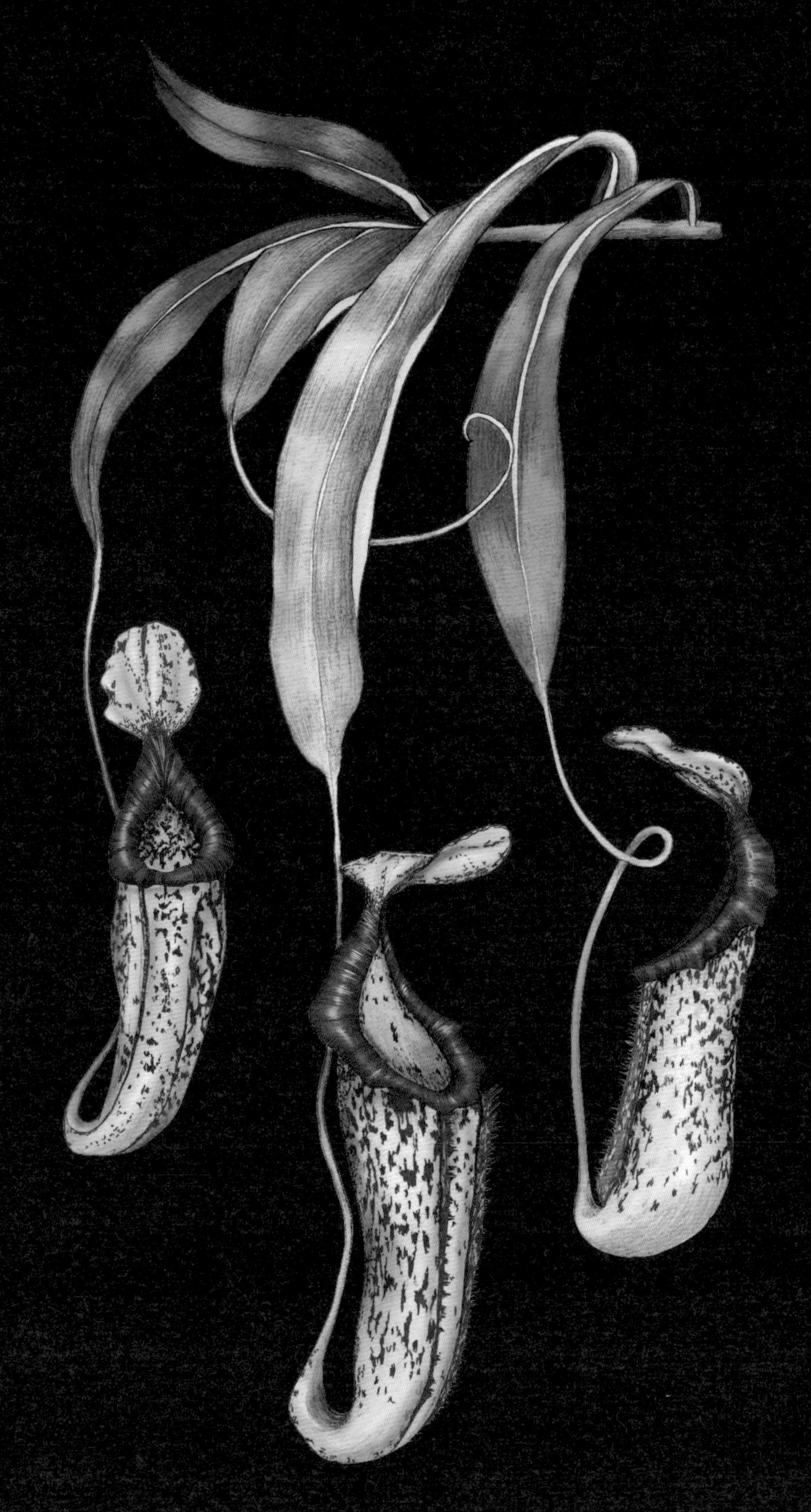

样本：辛布亚猪笼草杂塔蓝山猪笼草（杂交种红龙）
Nepenthes sibuyanensis × *talangensis* (× red dragon)

猪笼草科

NEPENTHACEAE

猪笼草属

Nepenthes

猪笼草属是猪笼草科下唯一的属，猪笼草属植物的主要特征是从叶尖长出的特别的捕虫笼。它们的根系较浅，大多数是陆生的，少数为附生或岩生。一般来说，这些植物细而蜿蜒的茎在野外会攀援到树上，而少数品种的猪笼草则贴附着在地面上生长。

猪笼草的捕虫笼有圆形的，有管状的。猪笼草通常会长出两种类型的捕虫笼，一种捕虫笼长在植物的根部附近，另一种大捕虫笼情况则略有不同，常常是先缠绕在树枝上生长，然后在植株的顶部附近长出捕虫笼。昆虫和蛛形纲动物（有时甚至是像老鼠这样的大型生物）会被捕虫笼的颜色、花蜜和气味所吸引。猪笼草的猎物们有的直接飞进了捕虫笼，有的则是掉落了捕虫笼，然后就被捕虫笼内壁的毛、蜡质黏液困住，最后化为营养液而被消化吸收。猪笼草这种特殊的生存策略同样俘获了人类的注意，以致沉迷于它们的魅力。

猪笼草

Nepenthes sp.

俗名：捕虫草

猪笼草属包括了 170 多个神奇的品种，这还不算那些自然产生的或者人工栽培的杂交种。因此，即使对园艺家来说，鉴定一棵猪笼草的品种也非常困难。

养护匹配：
园艺专家

光照需求：
明亮散射光、全日照

水分需求：
高

土壤要求：
透水性好

湿度要求：
高

繁殖方式：
茎插

生长习性：
攀援

摆放位置：
遮阴的阳台

毒性等级：
微毒

猪笼草分布极广，大多数种类分布在婆罗洲、苏门答腊和菲律宾，少数分布在澳大利亚、中国、印度、印度尼西亚、斯里兰卡、马来西亚、马达加斯加、塞舌尔和新喀里多尼亚。有些物种只生长在特定的地点，例如迪安猪笼草（*Nepenthes Deaniana*）仅在菲律宾拇指峰的山顶上发现过，而有些品种，如奇异猪笼草（*Nepenthes mirabilis*），则在许多国家都有踪迹。

猪笼草大致分为两种类型：高地猪笼草和低地猪笼草。低地猪笼草生活在炎热潮湿的环境中，而高地猪笼草则需要白昼暖和和夜晚寒冷才能茁壮成长。这些植物大多喜欢潮湿但通风良好的条件，栽培时要避免极端温度和干旱。猪笼草偏爱雨水或蒸馏水，不喜欢自来水，也不要给猪笼草施化学肥料或使用亮叶剂。土壤应该保持相对湿润，但是透水性要好。一般来说，猪笼草喜欢充足的明亮又温和的直射光，这样它们才能长出捕虫笼。猪笼草可以通过种子或茎插繁殖。插条应该种在无菌的湿润椰糠里，并保存在封闭潮湿的环境中（用玻璃罩或类似物品罩住）。这样，一到两个月就会生根，六个月后长出捕虫笼。

猪笼草不一定适合新手，但有些猪笼草较容易养护，如大猪笼草（*N.maxima*）、辛布亚猪笼草（*N.sibuyanensis*）和葫芦猪笼草（*N.ventricosa*）。这些植物曾让早期探险家和植物学家痴迷，现在依然受到世界各地的园艺爱好者的追捧。

与所有植物一样，种植者不应从野生环境中采集猪笼草，取而代之的是从信誉良好的苗圃购买。

辛布亚猪笼草杂塔蓝山猪笼草（杂交种红龙）
Nepenthes sibuyanensis × *talangensis* (× red dragon)

瓶子草科
SARRACENIACEAE

眼镜蛇瓶子草属
Darlingtonia

肉食性的眼镜蛇瓶子属只包括一个物种，即加州眼镜蛇瓶子草（*Darlingtonia californica*），又称眼镜蛇百合。这种瓶子草原产于美国加利福尼亚州北部和俄勒冈州南部，类似于瓶子草科太阳瓶子草属（*Heliamphora*）和美洲瓶子草属（*Sarracenia*）的品种。然而，它的形状却不同寻常，就像昂头吐信的眼镜蛇。与所有瓶子草一样，它利用长有蜡质表层又布有险恶被毛的捕虫笼来捕捉猎物，不仅如此，它那捕虫笼的构造还会让进入其间的昆虫在真真假假的出口中晕头转向。

尽管据说加州眼镜蛇瓶子草能适应低地和高地，但它们还是只生长在特定的栖息地，在它们生长的地面下或者附近有凉爽的水流。值得注意的是，自 2000 年 6 月以来，加州眼镜蛇瓶子草的野生种群一直没有被评估过，因此并不确定它们在自然环境中的种群数量。

养护匹配：
园艺专家

光照需求：
明亮散射光、全日照

水分需求：
高

土壤要求：
保湿

湿度要求：
低

繁殖方式：
分株、茎插

生长习性：
丛生

摆放位置：
遮阴的阳台

毒性等级：
友好

加州眼镜蛇瓶子草

Darlingtonia californica

俗名：眼镜蛇百合

虽然加州眼镜蛇瓶子草很难种，但它实在太美艳了，所以还是值得考虑。加州瓶子草的捕虫笼呈浅绿色、红色或是红绿两色，而它的“舌头”则分泌出一种引诱猎物的醉人花蜜。它美丽的花朵高高耸立在捕虫笼上方，吸引授粉昆虫前来，在成为它的猎物之前完成授粉。

重要的是，加州眼镜蛇瓶子草养护窍门之一是模仿其自然生境，保持根部凉爽和湿润。定期用蒸馏水浇灌，可将花盆放在装满水的托盘中，以确保土壤湿润。在炎热的日子里，可以在土壤表层放上冰块以保持根部凉爽。同时，夜间温度也不能高。

加州眼镜蛇瓶子草在明亮的散射光下表现最好，直射光只要不是太热也可以。由于它习惯于在贫瘠的沼泽中生长，因此不需要施肥，但它需要捕食昆虫来补充营养，所以如果在室内种植瓶子草，就要开窗吸引昆虫过来。

在冬季加州眼镜蛇瓶子草可能会暂停生长，但是低温能让它在天气转暖之后欣欣向荣。休眠期即将结束时，如果加州眼镜蛇瓶子草足够大的话，可以通过分株或切下附有子株和一些根的匍匐茎来繁殖。把切茎种在无菌的椰糠里，保持环境的超高湿度，并定期浇些冷水。

茅膏菜科
DROSERACEAE

捕蝇草属
Dionaea

查尔斯·达尔文说过一句名言：捕蝇草是“世界上最奇妙的（植物）之一”。这话说得太对了。他说的捕蝇草是茅膏菜科捕蝇草属中的唯一物种。茅膏菜这个肉食植物科还包括被称为“太阳露珠”的茅膏菜属植物（见第 279 页）和貉藻属（*Aldrovanda*）（被称为“水车”植物）。

有一类植物和捕蝇草一样不同寻常，这些植物也会响应刺激而移动，其中包括含羞草（*Mimosa pudica*），如果被触碰到或感觉到运动，叶子会轻轻闭合；还有草茱萸（*Cornus canadensis*）（又叫“爬行山茱萸”），它会张开花瓣并以令人难以置信的速度射出花粉。就捕蝇草而言，昆虫会触发其捕虫夹内侧的感觉毛，导致捕虫夹突然闭合，猎物就被关在了里面成了捕蝇草的美餐。

养护匹配：
园艺专家

光照需求：
全日照

水分需求：
高

土壤要求：
透水性好

湿度要求：
高

繁殖方式：
叶插、分株

生长习性：
莲座

摆放位置：
遮阴的阳台

毒性等级：
友好

捕蝇草

Dionaea muscipula

俗名：维纳斯捕蝇草

作为市场上最常见的食虫植物之一，野生维纳斯捕蝇草仅在美国北卡罗来纳州和南卡罗来纳州很小的一块区域内生长。令人痛心的是，由于人类活动，它在野外已经濒临灭绝。它生长在贫瘠的沼泽中，为了生存已经进化为以昆虫和蛛形纲动物为食。

这些娇小的植物通常株高不超过10厘米，精致的白色花朵通常高耸于叶子和捕虫夹之上。捕虫夹常常（但非全部）长在茎的末端，颜色为石灰绿色或红色。捕虫夹内部的感觉毛会提醒植物注意猎物的存在，如果连续快速触碰一根感觉毛两次或在20秒内触碰两根感觉毛，捕虫夹就会被触发并迅速关闭。捕虫夹边缘的较大的睫毛状的刺毛能够困住猎物。一旦猎物被消化，捕虫夹就会再次打开，准备下次的营业。捕虫夹一生只能捕获2~3次猎物，之后就会枯萎。即使您真的非常想触摸它们，也要千万克制自己，因为触碰捕虫夹最终可能导致整株植物死亡。捕蝇草生长缓慢，喜欢充足的阳光，盆土要始终保持潮湿。尽管它们对昆虫构成威胁，但它们对猫和狗是无毒的。

瓶子草科
SARRACENIACEAE

瓶子草属
Sarracenia

这些迷人的食虫植物通常有质薄的长喇叭状管子，顶部有一个敞开的盖子，这使得它们得名喇叭捕虫草。它们在春天会开出精致的倒伞状花朵。该属约有 10 种，均原产于美国和加拿大。不幸的是，这些植物正受到栖息地破坏和园艺切花产业的严重威胁。该属只有少数物种为人所知，天然或者人工的杂交种却不少，这为鉴定某些瓶子草增加了不少难度。

瓶子草这种美艳的食虫植物以其鲜艳的色彩、图案和芬芳的花蜜吸引猎物。毫无戒心的猎物一旦滑倒在喇叭口的边缘，就会掉进喇叭管的黏液中。它们很快就会被液体、蜡质和倒长的纤毛困住，然后被慢慢消化掉。

养护匹配：
园艺专家

光照需求：
全日照

水分需求：
高

土壤要求：
保湿

湿度要求：
中

繁殖方式：
分株

生长习性：
丛生

摆放位置：
遮阴的阳台

毒性等级：
友好

瓶子草属

Sarracenia sp.

俗名：喇叭捕虫草

瓶子草属有很多美丽的品种，白网纹瓶子草（*Sarracenia leucophylla*）看起来像得了白化病，红色蔷薇瓶子草（*S. rosea*）长着圆滚滚呈球茎状的捕虫囊，鹦鹉瓶子草（*S.psittacina*）的捕虫囊则是水平方向生长的，这个属还有很多栽培变种和杂交品种。瓶子草不是容易种植的植物，所以如果您第一次种瓶子草没有成功，也不要灰心。

瓶子草属植物每天至少需要5~6小时的直射阳光，此外还需要大量明亮的散射光照。阳光少一分，原本鲜艳生动的图案就会暗淡一分，更重要的是，植物的健康状况就越差。阳台种瓶子草就很理想，阳光充足的窗台也可以。在户外，瓶子草能够自己捕获猎物，但在温暖的季节里，要每月饲喂一次昆虫以补充必要的营养。瓶子草喜欢水，雨水或蒸馏水都可以，但自来水不行。给瓶子草浇水的话，不要从上面浇水，而是要在花盆下放置一个托盘，在托盘里倒入水，让盆土吸水，要确保有一半的盆土能吸到水分，这种方法还能提高环境湿度。冬季瓶子草要少浇水，盆土保持湿润即可。

瓶子草喜欢温暖的环境，但也需要3~4个月的冬寒，帮助其进入休眠期，这相当于让它们睡一个美容觉。冬天快结束时，修剪叶子、捕虫囊和花朵是有好处的，可以让春天的阳光照耀到新叶子。像所有的食虫植物一样，它们喜欢贫瘠的土壤，可以用椰糠做栽培基质。

仙人掌科

CACTACEAE

仙人柱属

Cereus

仙人柱属原产于南美洲，包括30多种柱状仙人掌，从10米高、灌木状的秘鲁天轮柱（*Cereus repandus*）（秘鲁苹果仙人掌，见第298页）到稍小的多节突的鬼面角（*Cereus hildmannianus* ‘monstrose’）（畸形苹果仙人掌）。仙人柱属植物常在春末夜间开花，花朵靓丽但又转瞬即逝。某些种的果实可食用，呈圆形或卵形，颜色鲜艳，与绿色和灰色的茎相映成趣。

仙人柱属夜间开花的原因有两个，一是因为与夜间传粉者（如飞蛾和蝙蝠）的活动时间同步，二是因为晚上开花能防止水分流失，而开花需要耗费大量能量的。其他晚间开花的仙人掌还有大花蛇鞭柱（*Selenicereus grandiflorus*），这是一种垂蔓植物，可以开出绚丽的焦橙色花朵或清新的白色花朵。

鬼面角

Cereus hildmannianus 'monstrose'

俗名：畸形苹果仙人掌

这种仙人掌因其起伏、扭曲、雕塑般的茎干，在仙人柱属植物中别具一格。

养护匹配：
新手

光照需求：
全日照

水分需求：
中低

土壤要求：
粗颗粒、沙质

湿度要求：
无

繁殖方式：
茎插

生长习性：
直立

摆放位置：
桌面

毒性等级：
友好

它们通常被称为畸形苹果仙人掌，在户外能长到 7 米高，在室内环境生长的品种体型较小。只有生长在户外的成熟植株才会开花，它们那令人惊叹的白色花朵（常带有粉红色）会在一夜之间全部盛开，幸运的话，可以一直开到早上。原生于巴西的鬼面角会吸引蜂鸟、蝙蝠和昆虫前来授粉，花朵能结出粉、红两色的果实，据说味道类似于火龙果。

这种仙人柱生长过程中需要大量的直射光，对水的需求为中到低度。可用茎插繁殖，扦插前要确保末端伤口已经愈合。因其长着尖刺，所以放在一个您不会碰到的地方。同样，在换盆或繁殖时要小心，请戴上厚手套。

秘鲁天轮柱

Cereus repandus

俗名：秘鲁苹果仙人掌

那些说不在意植物大小的人是没有遇到秘鲁天轮柱。这种高大、有棱纹的柱状植物原生于南美洲，在那里被当作一种杂草，但却受到全世界仙人掌爱好者的青睐。它是种植最广泛的仙人掌品种，是一种令人瞩目的观赏植物。

养护匹配：
新手

光照需求：
全日照

水分需求：
中低

土壤要求：
粗颗粒、沙质

湿度要求：
无

繁殖方式：
茎插

生长习性：
直立

摆放位置：
地面

毒性等级：
友好

由于其直立生长的特性和令人印象深刻的高度，秘鲁天轮柱常被用作花园的生态篱笆。它粗壮的茎在室外可长到10米高，幸好室内要矮得多。尽管如此，这种长势旺盛的植物最好种在厚重结实的花盆里，才足以支撑它未来达到的高度。

除了它的茎分外抢眼，秘鲁天轮柱还有食用价值。“秘鲁苹果仙人掌”这个俗名表明它能结出苹果状、白色果肉的美味果实。

像许多仙人掌一样，秘鲁天轮柱需要的养护极少。对于这种沙漠植物来说，最不可或缺的是阳光，它们需要充足的阳光。如果没有足够的光线，它们的生长会变慢，颜色会变黄，还可能侧倾，仿佛在追踪阳光一样。在活跃的生长期，等粗颗粒沙质盆土彻底变干之后，就要浇透水，随着天气变冷，浇水间隔则要更长一些。

珍珠吊兰
Curio rowleyanus

菊科
ASTERACEAE

翡翠珠属
Curio

作为新归入雏菊科（Daisy）一个开花植物属，翡翠珠属由大约20个以前被归为千里光属（*Senecio*）的物种组成。其拉丁学名“*Curio*”有“奇异”的意思，确实该属中的多肉植物都那么古怪精灵。特别受欢迎的室内植物翡翠珠属要属“首饰串”植物，有的像精致的珍珠项链，有的像是排队的滑稽海豚。照顾得当的话，它们能在室内长得生机勃勃，为您的植物收藏增加别样的趣味。

作为普通蒲公英（*common dandelion*）的远亲，它们来自南非炎热干燥的地区，有趣的叶形完美地适应了当地恶劣的条件。虽然弦月（*Curio radicans*）肥嘟嘟的香蕉状叶子在形态上看起来最“典型”，但珍珠吊兰（*Curio rowleyanus*）的豌豆形叶子则更不寻常，并且在应对干旱这点上可能是最有效的。这些植物生长成熟后开始开出大量香气宜人的花朵，属于雏菊科的特征就更明显了。

厚萼翡翠珠

Curio radicans

俗名：豆串、弦月
异名：厚萼千里光 *Senecio radicans*

比起同种的串串朋友们，弦月并不娇气，在南非本土的干旱环境和热带环境中都能茁壮成长。它喜欢温暖的气候，春秋两季生长快速。

养护匹配：
新手

光照需求：
明亮散射光

水分需求：
低

土壤要求：
粗颗粒、沙质

湿度要求：
无

繁殖方式：
茎插

生长习性：
垂蔓

摆放位置：
书架、花架

毒性等级：
有毒

弦月有丰满、多汁、弯曲的叶子，长约2.5厘米，让人联想到的豆荚、香蕉或鱼钩（它的许多俗名的寓意与此有关）。这些叶子附着在长长的卷须上，这些卷须在花盆边上像瀑布一样垂下来，非常养眼，无论是置于花架上还是悬挂，都极富美感，能为室内花园带来无穷韵味。弦月一年四季都能开出小白花，这些散发浓郁肉桂香味的花朵能给人美妙的感官享受。

一旦定植，弦月可以耐受半干旱环境，所以等盆土大部分都变干之后，才是最佳的浇水时机。如果枝叶起皱，这是严重缺水的迹象，一定要在植物表现出这种缺水迹象之前给它浇水。

弦月很容易繁殖。如果植物顶部有点变秃，而您想要它枝叶更浓密，可以扦插茎条到原来的盆土里，也可以把茎杆盘绕在盆上方来获得相同效果。

温暖的季节里每月都要施肥，一旦天气变凉就要断肥。弦月是浅根系，这意味着不需要定期换盆，只要确保花盆的重量能够与弦月长大后的重量平衡就行。

锦叶翡翠珠
Curio rowleyanus ‘variegata’

翡翠珠

Curio rowleyanus

俗名：珍珠吊兰

异名：串珠千里光 *Senecio rowleyanus*

翡翠珠原产于非洲西南部，是一种奇特的多肉植物，生长在岩石和其他植物之间，岩石和植物提供的荫蔽能帮助翡翠珠适应该地区极度干旱的条件。在野外，它的枝茎伸展开来，接触到地面就能生根，厚厚地铺满地面，如同草垫。

养护匹配：
园艺能手

光照需求：
明亮散射光

水分需求：
低

土壤要求：
粗颗粒、沙质

湿度要求：
低

繁殖方式：
茎插

生长习性：
垂蔓

摆放位置：
书架、花架

毒性等级：
有毒

作为室内栽培植物的珍珠吊兰，欣赏的亮点在于其不寻常的叶子：大量长长的串珠，像珍珠瀑布一样从花盆边缘垂挂下来，在明亮的光线下，真是不可方物。其精致的外观掩盖了这样一个事实，即珍珠吊兰生长速度极快，在适当的生长条件下可以迅速达到约 90 厘米的长度。

珍珠吊兰的珠形叶子能够最大限度存储水分，同时最大限度地减少暴露在烈日下的表面积，以减少蒸发。各种珍珠吊兰的叶子都有半透明的“窗”，这是一种适应性的表现，允许阳光照到叶子内部，因此可以在炎热的原生地保持高水平的光合作用而不会过热。

珍珠吊兰每天需要至少几小时的直射阳光，尤其是早上的直射阳光。如果它们的茎长得散乱，珠子很小并且发育不良，像理发一样直接剪掉。将健康的茎尖插条插到花盆中，以增加植株的密度，看起来更加茂盛。在夏季，您有机会看到珍珠吊兰开出一簇簇白色的雏菊状的花朵，小而芬芳。

蓝色细叶变种翡翠珠

Curio talinoides var. mandraliscae

俗名：蓝松、蓝铅笔

这又是一种优雅的来自南非的多肉植物，它偏好阳光、温暖和透水性好的盆土。在户外种植时通常不娇气，但与其他蓝灰色多肉植物一样，它在室内时可能会略显喜怒无常，它的不快通常源于光线不足。

养护匹配：
园艺能手

光照需求：
全日照

水分需求：
低

土壤要求：
粗颗粒、沙质

湿度要求：
无

繁殖方式：
茎插

生长习性：
丛生

摆放位置：
窗台

毒性等级：
有毒

蓝松当然可以在室内种植，只要摆放位置光线明亮，并且大部分时间有直射的阳光。它也能很好地适应户外环境，或在耐旱植物的花园中用作地被植物。

与同属的那些垂蔓植物不同，蓝松是一种丛生的矮灌木，可以长出直立的铅笔状叶子，叶子有少见的银蓝色调。它通常生长缓慢，只能长到约30厘米的高度，因此不需要考虑修剪，但是可以给它掐尖，让它保持在一定高度或促进分枝。

蓝松属于偏好干燥土壤的植物，因此只能在盆土完全干燥的时候才能浇水。像所有多肉植物和仙人掌一样，它不需要太多肥料——整个生长季节只需施3~4次薄肥。

仙人掌科
CACTACEAE

黄金柱属
Winterocereus

花冠柱（Borzicactus）族植物主要都是些柱状仙人掌植物，黄金柱属就是其中的一类。黄金柱属的柱状仙人掌能开出别具一格的花朵，这些花有双花被（围绕植物性器官的花朵部分）结构。黄金柱原产于玻利维亚、秘鲁和阿根廷，由鸟类而非昆虫授粉。

有人认为黄金钮（*Winterocereus aurespinus*）（如图所示）是黄金柱属下的唯一的种（说只有这一个物种，可能是因为关于该属的信息太少了，但这种说法也很难证实），其俗名为金鼠尾仙人掌，它曾被归入管花柱属（Cleistocactus）——这个名称的词源来自希腊语cleistos，意为“闭合”，指这些植物所开出的花，不会完全开放。

管花柱属下的植物时有增删，随着分子生物学和DNA测序技术的进一步发展，这些仙人掌植物的分类还不会有定数。

养护匹配：
新手

光照需求：
明亮散射光、全日照

水分需求：
低

土壤要求：
粗颗粒、沙质

湿度要求：
低

繁殖方式：
茎插

生长习性：
丛生

摆放位置：
书架、花架

毒性等级：
友好

黄金钮

Winterocereus aurespinus

俗名：金鼠尾仙人掌
异名：管花仙人柱 Cleistocactus winteri

黄金钮俗称金鼠尾，是一种奇特的仙人掌。其狭长的茎（可以长到 1 米高）从紧密丛生的基部拱起然后又下垂，让人想起蛇发的美杜莎。毛茸茸的金色短刺，加上鲜艳的橙粉色花朵，给人一种独特的雕塑般的美感。与大多数仙人掌不同，金鼠尾置于花架上时，其富有质感的金色长茎会优雅地垂向地面。

黄金钮不仅颇具异国情调，还易于栽培，因此非常适合新手。它需要大量明亮的光线，又喜欢直射光，要避免午后过于强烈的直射光。春秋两季要定期浇水，浇水间隔要确保盆土已经完全干燥，冬季则需要重剪。与大多数养在室内的仙人掌一样，金鼠尾容易感染蚧壳虫和粉蚧，这些小恶魔会隐匿在尖刺中。室内环境缺少户外的极端温度和条件，所以容易产生虫害，要定期检查。

样本：真芦荟
Aloe vera

阿福花科
ASPHODELACEAE

芦荟属
Aloe

极具多样性的芦荟属包括了500多个物种，这些植物千姿百态，令人心情舒畅。大多数芦荟原产于非洲、阿拉伯、约旦和印度洋的一些较小岛屿，有些品种具有肉质叶构成的莲座，长在地上，而少数品种则长在树干上。它们尖尖的花朵在叶子上方挺立绽放，呈明亮的橙色、红色和黄色。

虽然大多数人都熟悉芦荟有舒缓的药用功效，但其他的品种，例如令人惊叹的螺旋状多叶芦荟（*Aloe polyphylla*）（见第316页）、尖边芦荟（*Aloe perfoliata*）和铁灰色的青刀锦芦荟（*Aloe hereroensis*），都是因为它们的观赏价值而栽培的。

芦荟杂交种“圣诞颂歌”

Aloe × ‘Christmas carol’

俗名：圣诞颂歌芦荟

圣诞颂歌芦荟的绿叶上有凸起的红色斑纹以及星星的形状，洋溢着一种节日的欢庆气氛。

养护匹配：
新手

光照需求：
明亮散射光、全日照

水分需求：
低

土壤要求：
粗颗粒、沙质

湿度要求：
低

繁殖方式：
吸芽

生长习性：
莲座

摆放位置：
窗台

毒性等级：
微毒

秋天出现的粉红色花朵让圣诞颂歌芦荟更加色彩丰富，让人喜爱。它是一种很好养植的室内芦荟，生长缓慢，株型小，只能长到30厘米高，幅围也是30厘米左右。

圣诞颂歌芦荟对水的需求量很低，成年植株相当耐旱。浇水的原则是一次性浇透，确保多余的水分从花盆底部排出，等盆土完全干燥才能再次浇水。必须保证充足的直射光，所以要放在窗台或阳台上，如果遇到冬季的霜冻，请一定要将它搬入室内。

这种植物可以用吸芽来繁殖。像所有多肉植物一样，要让分离下来的吸芽（其他多肉植物则是剪下来准备扦插用的枝叶）干燥几天产生愈伤组织之后再种植，以减少细菌感染的机会。

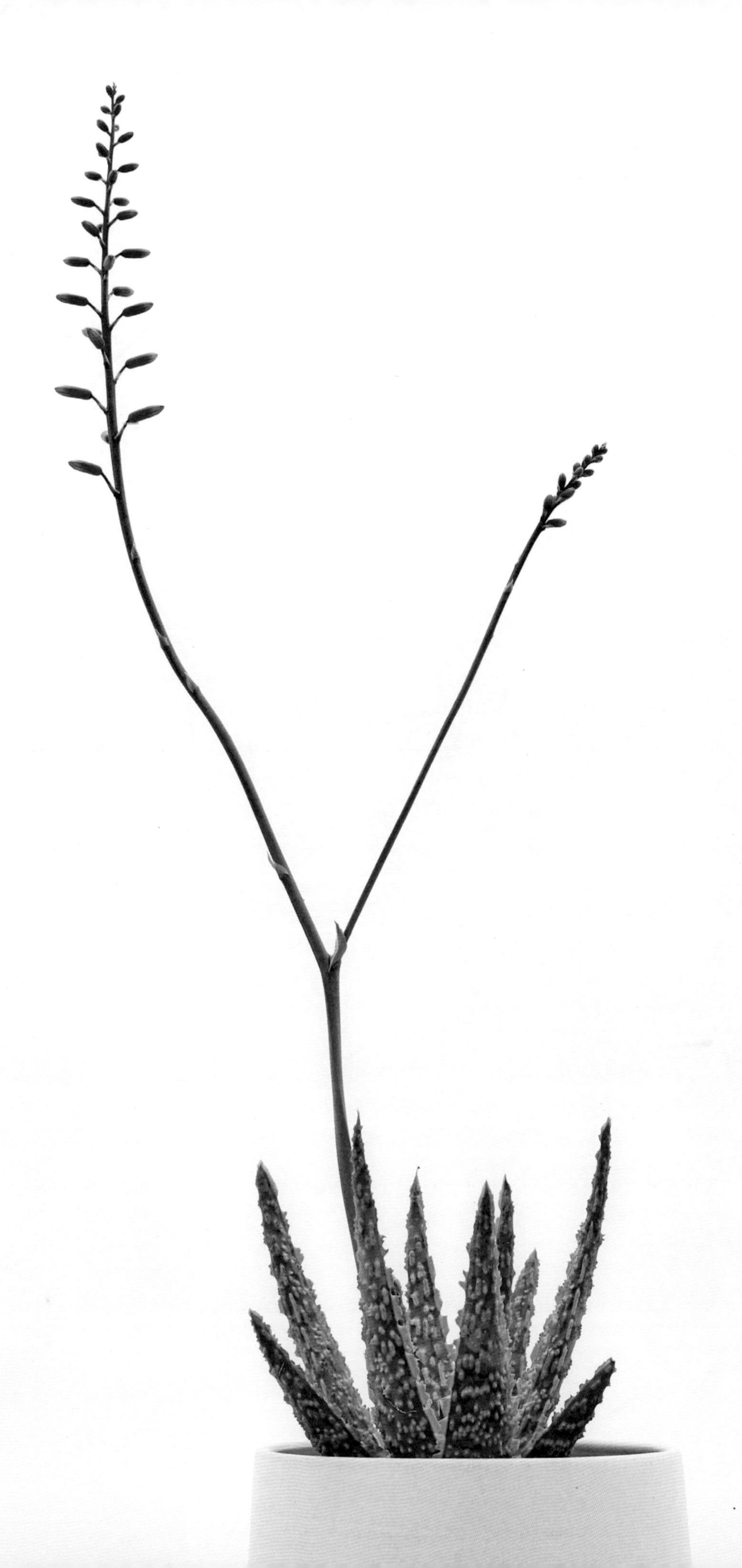

多叶芦荟

Aloe polyphylla

俗名：螺旋芦荟

奇特的螺旋芦荟是南非内部的国中国——莱索托（Lesotho）的特有物种，成年的螺旋芦荟那肉质肥厚多汁的叶子会以漂亮的螺旋形式从中央莲座中伸展出来。不幸的是，螺旋芦荟已经被莱索托认定为渐危物种。

养护匹配：
新手

光照需求：
明亮散射光、全日照

水分需求：
中

土壤要求：
粗颗粒、沙质

湿度要求：
无

繁殖方式：
种子

生长习性：
莲座

摆放位置：
桌面

毒性等级：
有毒

螺旋芦荟的叶子呈灰绿色，有锯齿状边缘和棕色的叶尖。它没有茎干，是一种株型紧凑的植物，鲜明的几何形状在室内植物中特别醒目。它比其他的芦荟需要的照料更多些，但是您一定会因为拥有它而感到高兴，从而耐心地照顾好它。

与一般多肉植物不同的是，螺旋芦荟对水的需求为中等，这种适应性是在凉爽、潮湿的山坡上生长进化而来的，它对霜雪也有一定的耐受性。浇水时，不要浇到莲座中心，以防水潴留在叶片之间。此外，螺旋芦荟的栽种角度最好稍微倾斜，不要垂直栽种；这样浇水时不会滞留在植株的顶部；另外，可以更好地欣赏芦荟植株美妙的螺旋生长状态。

在生长季节，可用半浓度的液肥施肥，要经常修剪基部的老叶保持植物整洁。园艺操作时务必小心，因为它的尖刺可能会造成扎伤。

青锁龙“方塔”
Crassula ‘Buddha’s temple’

这个奇特的杂交种是 20 世纪 50 年代由美国加州亨廷顿植物园主管、植物学家迈伦基姆纳赫（Myron Kimnach）培育的。它是一件真正的艺术品，紧密堆叠、略微翻折的叶子形成了一个方形柱子，最顶端开着五颜六色的花球——真是实实在在的几何图形大荟萃。

景天科
CRASSULACEAE

青锁龙属
Crassula

这个由大约 300 个物种组成的大属包括了各种各样的植物，它们的大小、叶色、质地和形状差异很大。青锁龙属与景天属（见第 378 页）和伽蓝菜属（见第 363 页）属于同一科，原产于非洲、澳大利亚、新西兰、欧洲和美洲。其属名 *Crassula* 来源于拉丁语 crassus，意思是“厚”，指的是该属植物的叶子已经进化到可以储存水分并适应恶劣环境。

虽然该属中的一些植物具有更像“传统多肉”的外观——例如非常受欢迎的翡翠木（*C.ovata*）（见第 318 页），但也有许多不寻常的、如同外星物种一般的品种会让您怦然心动。例如青锁龙“方塔”（*Crassula*“Buddha’s temple”）的叶子紧密重叠，形成一个令人惊叹的方柱状莲座，从顶部绽放出一大团花朵；而伞叶青锁龙和伞叶青锁龙‘摩根美人’则有可爱的圆杯状叶子，仿佛一堆灰色的卵石堆叠在一起，其间又点缀着丛生的亮粉色花朵。

卵叶青锁龙 / 燕子掌

Crassula ovata

俗名：翡翠木、玉树

翡翠木是一种容易维护的多肉植物，据说可以带来好运、财运。因此，在某些亚洲文化中它成了一种受欢迎的礼品植物。

养护匹配：
新手

光照需求：
明亮散射光、全日照

水分需求：
低

土壤要求：
粗颗粒、沙质

湿度要求：
无

繁殖方式：
茎插

生长习性：
直立

摆放位置：
地面

毒性等级：
微毒

这种植物起源于莫桑比克和南非，已经进化到能够耐受半干旱条件，这对于健忘的园艺师们来说是一个有用的特性。

在室内，翡翠木那光泽的卵形肉质小叶子更像是深色的玉石，而在室外较明亮的环境中，它们的色调通常较浅，边缘带有红色。翡翠木幼年时株型比较紧凑，长大之后枝叶看起来就像一棵矮树，照料得法的话，到了春天翡翠木就会开出甜美的浅粉色或白色的花朵。

上午的直射光和下午的散射光对翡翠木最理想，浇水要少浇，宁缺毋滥；同时要根据具体时间段的光照时长和热量指数来调整浇水。在生长季节，每个月施一次浓度减半的多肉肥料即可，但不施肥也是可以的，因为翡翠木不是喜肥的植物。翡翠木有很多栽培品种，只要掌握了原始种的养护方法，其他的也不在话下。

十字星青锁龙

Crassula perforata

俗名：钱串景天

这种迷人的多肉植物原产于南非，娇小的叶子具有锐角，堆叠在一起两两对生，绕着绳子般的茎螺旋式向上，一串串的像马赛克拼出来的一样。

养护匹配：
新手

光照需求：
明亮散射光

水分需求：
中低

土壤要求：
粗颗粒、沙质

湿度要求：
无

繁殖方式：
茎插、叶插

生长习性：
丛生、垂蔓

摆放位置：
书架、花架

毒性等级：
友好

灰绿色的十字形叶子，叶尖通常为红色，在明亮的环境中生长时，春天会开出淡黄色或白色的花朵。十字星可以长到60厘米高、90厘米宽。幼苗期它是直立生长的，茎干一旦成熟，十字星的茎叶会因为重量而垂下来，美轮美奂。室内种植时，要给予充足的散射光，早上最好多晒晒直射光，否则它会徒长，状态不佳。留意您的植物，必要时把它搬到阳光充足的地方。虽然十字星比较耐旱，但在盆土基本变干的情况下浇透水。

十字星的叶子可能比较脆，园艺操作时要小心别碰掉掰断之类的，但真的断枝落叶也不要紧，因为它们可以通过茎插和叶插繁殖，把断枝落叶插入花盆即可（愈伤组织形成后）。令人高兴的是，十字星几乎对虫害免疫，所以基本可以不用担心要同讨厌的小爬虫作斗争。春天施一半浓度的多肉植物专用液肥，十字星便全年生长无忧。

天门冬科
ASPARAGACEAE

苍角殿属
Bowiea

我们对那些奇特的植物没有抵抗力，而要说古里古怪的植物，苍角殿不会让人失望。到目前为止，苍角殿属只有一个已得到鉴定的物种，那就是大苍角殿（*Bowiea volubilis*）。这是一种多年生球茎植物，茎干纤细，能附着在任何东西上。大苍角殿与众不同的地方是它们那浅绿色或纸棕色的洋葱状球茎，这种球茎大部分都露在土表。

大苍角殿原产于非洲东部和南部地区，能适应非常恶劣的条件。有了苍角殿，您的室内植物小花园就多了一分奇趣。

养护匹配：
新手

光照需求：
明亮散射光

水分需求：
中

土壤要求：
粗颗粒、沙质

湿度要求：
低

繁殖方式：
分株

生长习性：
攀援

摆放位置：
桌面

毒性等级：
有毒

大苍角殿

Bowiea volubilis

俗名：爬藤洋葱

虽然大苍角殿的俗名一点也不吸引人，但其不寻常的美感让它很特别。它那精致的绿色茎在生长过程中会缓慢地来回试探，直到找到可以依附的支撑。如果您不希望它们绕着球茎长成乱糟糟的一团（如果这是您喜欢的样式，请忽略这种不恭敬的说法），可以用棚架来给它弄个造型。到了春天，大苍角殿会长出小星星状的浅绿色花朵。

大型的地上球茎是这种植物深受喜爱的一个特点，这个球茎可以储存水，偶尔疏于管理也不要紧。浇水不能过多，过多可能会导致腐烂，不能等盆土完全变干后再浇水。大苍角殿喜欢明亮的散射光或者温和的直射光，不喜欢高湿度，对肥料的需求也不高，生长期每月施一次仙人掌专用肥也是可以的。

当茎条枯死时，大苍角殿可能会休眠，但它何时枯萎，说法不一，有些种植者根本没有经历过这个阶段。一旦发生茎条枯萎，只需剪掉死掉的茎条，少浇水，耐心等待新的茎条出现即可。新的茎条可能会马上萌发，也可能要等到换季之后。

样本：白瓶吊灯花
Ceropegia ampliata

夹竹桃科

APOCYNACEAE

吊灯花属

Ceropegia

吊灯花属植物的俗名花样繁多，例如阳伞花、丛林人烟斗，等等。很多俗名都与吊灯花属植物那绚丽的花朵有关。然而，该属的拉丁名是由卡尔·林耐本人所定，他在 1753 年出版的《植物种志》第 1 卷对其进行了描述。因为他相信这些花会让人联想到蜡之泉，因此用到了拉丁词 keros（蜡）和 pege（喷泉）的组合。

这个生物多样性非常丰富的属包括了大约 180 个种，它们原产于南亚、撒哈拉以南非洲和澳大利亚的大部分地区；随着越来越多的该属物种被发现，这一数字还在稳步增长。吊灯花属与夹竹桃科下的姬龙角属（*Stapeliads*）和球萝藦属（*Brachystelma*）的植物非常相似。有观点认为还有很多其他物种也应该被归入吊灯花，这样吊灯花属下物种的数量就增加到了 750 多个。许多吊灯花属植物可以室内栽培，营造出一派美丽的丛林氛围。

白瓶吊灯花

Ceropegia ampliata

俗名：避孕套

白瓶吊灯花的花朵形状令人瞠目结舌，避孕套这样的俗名就是受此启发，这样没羞没臊的名字，足以让很多喜欢花草的人脸红。

养护匹配：
园艺能手

光照需求：
全日照

水分需求：
低

土壤要求：
粗颗粒、沙质

湿度要求：
中

繁殖方式：
茎插

生长习性：
攀援、垂蔓

摆放位置：
书架、花架

毒性等级：
有毒

这种独特的美丽植物当然不是什么普通品种，它可是您遇到的最有趣的植物之一。在它那无叶的肉质藤蔓上能长出膨胀的气球状花朵，上面有白色和黄色细条纹，而花朵顶部是翠绿色的笼子。

不仅外观独特，白瓶吊灯花还有一种独特的授粉方法。它那管状花的内部纤毛可以困住昆虫，花粉囊会黏附在那些迷迷糊糊被困住的昆虫身上，等花朵枯萎后这些“囚犯”就会被释放出来。当它们飞往其他的花朵，授粉的工作就完成了。让人感叹大自然的奇妙！

置于吊篮或植物架上的白瓶吊灯花，缠绕在一起的藤蔓层层叠叠地垂曳下来，能取得最佳的展示效果。它每天至少需要4小时的直射光，相当耐旱。浇水时要让水彻底浸透粗颗粒的盆土，再次浇水需等盆土完全干透。天气转凉后，只要浇少量水来防止茎干枯萎就可以了。

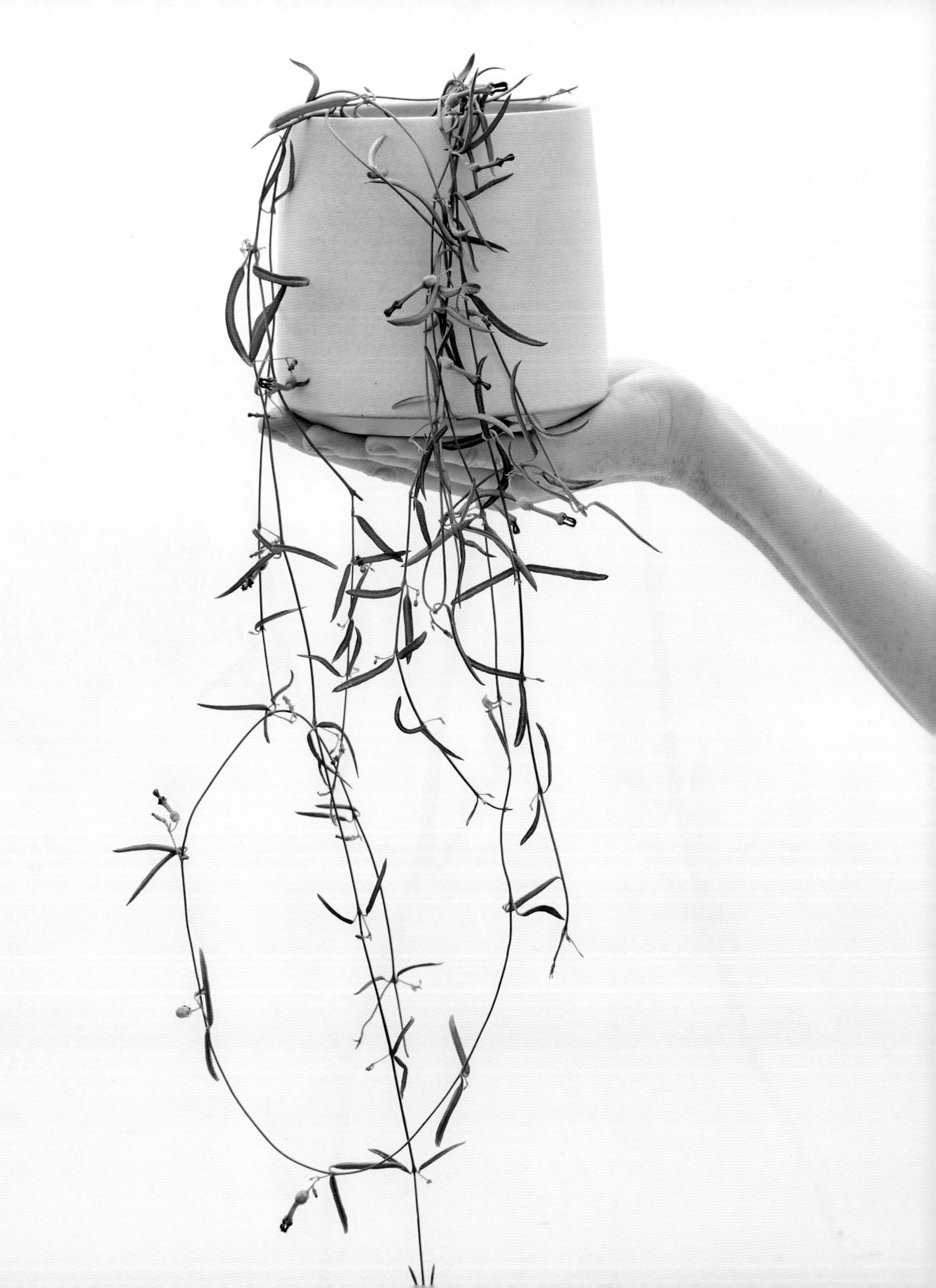

线叶吊灯花

Ceropegia linearis

俗名：一串针

正如其名，被称作“一串针”的线叶吊灯花优雅的藤蔓上长着许多细长的针一样的肉质叶子，作为室内装饰，落落大方。

养护匹配：
新手

光照需求：
明亮散射光

水分需求：
中

土壤要求：
透水性好

湿度要求：
中

繁殖方式：
茎插

生长习性：
垂蔓

摆放位置：
书架、花架

毒性等级：
友好

线叶吊灯花有块茎状的根，藤蔓的长度可达 2 米以上。在野外，它贴着地面蔓生或缠绕周围的植物以获得支撑，而在室内，可以置放在书架或植物架上，垂下的藤蔓看起来特别有气势。

它的花朵外观与它的近亲爱之蔓相似，开花之后的线叶吊灯花显得更加优雅美丽。充足的明亮光线能够促进线叶吊灯花生长开花，早晨的几个小时直射阳光对于它来说尤为合适。它耐受干燥土壤，而不喜欢潮湿，因此盆土必须具有很好的排水性，浇水间隔要让大部分盆土变干才行。

请注意，线叶吊灯花换盆时新盆的尺寸比原盆稍大即可，土壤过多容易导致积水，对其根系不利。小株的线叶吊灯花换大些的盆能促进生长，但成株可以继续使用原来的花盆，好几年不换盆也不减长势。

爱之蔓

Ceropegia woodii

俗名：一寸心、心蔓

爱之蔓心形的肉质叶子串成了一串细链，散发出精致富于质感的美。

养护匹配：
新手

光照需求：
明亮散射光

水分需求：
中

土壤要求：
透水性好

湿度要求：
中

繁殖方式：
茎插

生长习性：
垂蔓

摆放位置：
书架、花架

毒性等级：
友好

爱之蔓的深绿叶子上有银色的图案，而斑点爱之蔓的叶子上则有粉红色和奶油色的斑点。爱之蔓不仅叶子好看，养护得当还会开出紫色的管状花朵，像纽扣一样可爱。

在室内，这种原生于南非的大型藤蔓可以长达60~120厘米。种在挂盆中或者置于花架上，悬垂下来很是好看。它不适合光线昏暗的环境，如果可能的话，尽量给予充足的散射光照或者上午的直射光照。对于这种多肉藤蔓来说，过度浇水等于判死刑，浇水间隔要让盆土彻底变干为宜。

爱之蔓的藤蔓每隔一段距离就会产生一个小的珠状块茎，看起来像念珠一般。这些球茎可以像种子一样播种，种在新的盆里，也可以种在原来的盆里起到密植的效果。

有趣的是，蜂鸟会采集爱之蔓的花蜜，所以在美洲大陆，夏天的时候把爱之蔓挂在户外有遮阳的地方，可能会引来一些长着羽毛的“小朋友”。

仙人掌科
CACTACEAE

姬孔雀属
Disocactus

姬孔雀属学名 *Disocactus* 和盘玉属学名 *Discocactus* 非常相似，但实际上两个属的植物看起来相去甚远。虽然姬孔雀属的学名没有盘玉的学名听起来那么动感（Disco 即迪斯科，聚会上的气氛舞蹈，译者注），但姬孔雀实际上要好玩得多。姬孔雀属仅由少数几个物种组成，在其炎热的原生地——墨西哥、中南美洲和加勒比地区——以附生和岩生的方式生长。

明确被归入这个属的植物在身份上可能还有争议，有两个品种能比较典型地体现姬孔雀的两种特征，令箭荷花（*Disocactus ackermannii*）叶状茎干扁平、垂蔓，花为艳红色，而鼠尾掌（*Disocactus flagelliformis*）（如右图所示）的带刺茎干却是圆柱形的，能开出极为明亮的粉红色花朵。

养护匹配：
新手

光照需求：
明亮散射光、全日照

水分需求：
中低

土壤要求：
粗颗粒、沙质

湿度要求：
无

繁殖方式：
茎插

生长习性：
垂蔓

摆放位置：
书架、花架

毒性等级：
有毒

鼠尾掌

Disocactus flagelliformis

俗名：鼠尾仙人掌

异名：鼠尾令箭 ***Aporocactus flagelliformis***

曾被称为“鼠尾令箭”的这种垂蔓仙人掌茎干长度可达 1.2 米，它原产于墨西哥，是姬孔雀属中最受欢迎的物种。其识别性特征就是它那绿色的茎和棕色的小尖刺。阳春和暮春，鼠尾掌能开出巨量的明亮粉红色花朵，覆盖了大部分茎干。

鼠尾掌可以在室内和室外种植，但是种在室内的话，需要大量明亮的散射光或者温和的直射光才能茁壮成长。春秋两季需要大量的水，再次浇水之前请只让一半的盆土变干，但在秋冬两季则还是要回到常规的浇水方式，即盆土完全干燥后再浇水。

鼠尾掌种在挂盆里或者置于花架上，倾泻而下的植株具有雕塑般的美感。建议使用较重的花盆，以确保在植株体量激增之后不会倾倒。每隔几年要将鼠尾仙人掌移植到一个稍大的盆中，以适应其生长。

景天科

CRASSULACEAE

拟石莲花属

Echeveria

景天科拟石莲花属是一种具有高识别度的经典多肉植物，原产于墨西哥和中、南美洲。紧凑的莲座状叶子看起来像一朵温柔开放的玫瑰。植物颜色变化区间很大，从浅灰色的丽娜莲（*Echeveria lilacina*）、深红色的冬云（*Echeveria agavoides*）、绿色的玉蝶（*Echeveria* ×‘abalone’）一直到几乎黑色的黑王子（*Echeveria affinis*‘black Prince’）。

拟石莲花属以18世纪墨西哥植物艺术家、博物学家阿塔纳西奥·埃切维里亚·戈多伊（Atanasio Echeverría y Godoy）的名字命名，种植历史悠久。该属包括大约150种植物，还有大量的杂交种和栽培品种可供园艺探索。

雪莲景天

Echeveria laui

俗名：雪莲

这种具有幽灵气质的白蓝色多肉植物原产于墨西哥，生长缓慢，一旦成熟，高耸的花茎上会开出令人愉悦的橙粉色小花朵，摇曳在莲座的上方。

养护匹配：
园艺能手

光照需求：
明亮散射光

水分需求：
低

土壤要求：
粗颗粒、沙质

湿度要求：
无

繁殖方式：
叶插、茎插、吸芽

生长习性：
莲座

摆放位置：
桌面、窗台

毒性等级：
友好

雪莲的莲座直径仅约15厘米，作为出色的室内伴侣植物，它能一直保持娇小可爱的株型。

雪莲只需要少量的水。浇水要浇透，下次浇水要等盆土完全干透。不要把水浇在莲座上，要浇在盆土上，避免水积聚在叶子上导致腐烂。雪莲易腐，考虑到这点，通风很重要，所以种植环境不能太拥挤，要经常开窗透气。一定要去除枯叶，这样可以避免腐烂。

像大多数景天科拟石莲花属植物一样，雪莲可以通过茎插或叶插繁殖，也可以把吸芽从母株上分离下来繁殖。无论哪种方式，在种植前总要晾几天让伤口愈合。要克制想抚摸这种可爱植物的冲动，因为摸过的地方会留下难看的痕迹。

拟石莲花杂交种“梦露”

Echeveria ‘Monroe’

俗名：橙梦露

橙梦露是一种血统未知的杂交种，莲座的外观如同紧凑的花环，由肉质尖叶组成，在光线较暗的条件下呈绿色，阳光充沛的情况下会变成铁灰色，末端呈玫瑰色。因为橙梦露的叶子上面有一层可爱的霜，所以尽量不要过多地触摸它，免得碰擦留下的痕迹有损这种迷人的气质。

养护匹配：
新手

光照需求：
明亮散射光

水分需求：
中低

土壤要求：
粗颗粒、沙质

湿度要求：
无

繁殖方式：
茎插、吸芽

生长习性：
莲座

摆放位置：
桌面、窗台

毒性等级：
友好

给橙梦露充足的明亮散射光，早晨的温和阳光照射一会也不要紧，这样能让它茁壮成长。冬季阳光不足，需要将它置于比较明亮的地方。缺光条件下，橙梦露会徒长，不再看起来紧凑溜圆，这种情况下可以将植株的顶梢切下来种入花盆，并给予充足的光照。橙梦露的叶片会脱落，一可能是冬季的季节性原因，二可能是环境压力导致，三可能仅仅是生命的自然周期循环现象。如果叶片有脱落，一定要及时移除脱落的叶片，这样可以避免腐烂和真菌感染。

橙梦露夏季对水的需求量不高，冬季应进一步减少浇水。将水直接浇入盆土，确保水不会潴留在莲座的中心，否则容易导致植株腐烂。

景天科
CRASSULACEAE

银波木属
Cotyledon

银波木是景天科下的一个属，由大约10种丛生如灌木的多肉以及更多的栽培变种、杂交品种组成。它们的叶子通常很小，从毛茸茸到表面布满粉状物，从圆形到尖状，不一而足。所有的银波木都有管状花，花瓣边缘弯曲，高耸于叶片之上，呈红色、橙色和粉红色。

银波锦（*Cotyledon undulata*）的灰色叶子呈波状、圆叶银波木（*Cotyledon orbiculata*）则能开出桃色钟形花束，熊童子（*Cotyledon tomentosa*，如右图所示）则长着可爱的毛茸茸的爪子，这些都撩拨着花草爱好者的心弦。

养护匹配：
新手

光照需求：
明亮散射光

水分需求：
中低

土壤要求：
透水性好

湿度要求：
无

繁殖方式：
茎插

生长习性：
直立

摆放位置：
桌面

毒性等级：
微毒

熊童子

Cotyledon tomentosa

俗名：熊掌

熊童子原产于南非，是一种具有密集分枝的小型多肉植物，最大长度约为50厘米。萌萌的熊童子有毛茸茸的小叶子，叶尖（或齿状叶缘）为深红色，类似于小熊的脚掌和爪子。熊童子还有一色斑叶品种，叶子上有赏心悦目的奶油色条纹。

作为较为常见的室内多肉植物，熊童子深受青睐的理由很充分，因为它从头到脚都很可爱，而且容易打理，充足的明亮散射光即可。浇水还是秉持见干见湿的原则，不干不浇，浇则浇透。它那多汁的叶子非常适合储存水分，浇水应该说是宁缺毋滥才好，确保在冬季植物进入半休眠状态时降低浇水频率。土壤太潮湿会导致掉叶、烂根和其他真菌病。早春季节，熊童子会开出橙粉色的管状花朵，室内又因此多了一抹亮色。这也是施肥的好时机，天气暖和可以每个月施一次半浓度的多肉专用肥。

建议通过茎插来繁殖熊童子，叶插繁殖难度会更高一些。要等到植株成熟、茎足够长的时候，才可以剪下茎条用于繁殖。扦插用的切茎需要带几片叶子，等伤口愈合再插入透水性好的粗颗粒盆土中。几周之后，扦插的茎条就会生根了。

样本：三角大戟
Euphorbia trigona

大戟科

EUPHORBIACEAE

大戟属

Euphorbia

大戟属具有高度的多样性，有2000多个品种，广泛分布于世界各地。随便举些例子，如多叶大戟一品红（*Euphorbia pulcherrima*）（圣诞花）、仙人掌状的三角大戟（*Euphorbia trigona*）（非洲奶树）、堪称经典的肉质大戟（*Euphorbia myrsinites*）（桃金娘大戟）和奇特的球形大戟（*Euphorbia obesa*）（布文球）。

一些大戟属植物原产于非洲和马达加斯加，常被误认为是仙人掌。与仙人掌不同的是，它们的花朵简单朴素，大戟属的刺是枝条变态发育而成的枝刺，而仙人掌的刺是叶子变态发育而成的叶刺，两者同样锋利。另一个主要区别是大戟属植物会产生一种剧毒的乳白色汁液，有很强的刺激性。一定要避免让它进入眼睛，因为这种汁液会导致暂时性甚至永久性失明。家里有宠物或小孩，最好不要养这些植物。翻盆、繁殖或搬动时，请务必戴上手套，同时戴上墨镜以保护眼睛。

普通树大戟

Euphorbia ingens

俗名：烛台树

俗称烛台树的普通树大戟原产于南部非洲，这种树状多肉植物高度可达 12 米。它树干粗壮，树冠如同一个球体，这种醒目的形状能吸引鸟类来筑巢。

养护匹配：
新手

光照需求：
明亮散射光、全日照

水分需求：
低

土壤要求：
粗颗粒、沙质

湿度要求：
无

繁殖方式：
茎插

生长习性：
直立

摆放位置：
地面

毒性等级：
有毒

室内种植的烛台树幼苗通常会长成一根独杆，比较适合不大的空间。烛台树在秋冬季开花，花朵黄绿色，花量巨大。

来自干旱地区和稀树草原的烛台树不需要太多的水，缺水一段时间并不会死亡。在生长季节，要等大部分土壤变干之后再浇水，冬季要让盆土彻底变干。烛台树喜欢温暖，较冷的月份要将其移入室内。要经常性地让它照几个小时的直射光，或是晒足明亮散射光。春秋两季每隔几周施肥一次，使用适合多肉植物的肥料。

与所有大戟属植物一样，烛台树的汁液具有剧毒，因此在接触时要小心。值得注意的是，有些出售的株型较大的烛台树是以泥炭土为种植土壤，有些盆土里掺杂石子，这种情况容易造成根基不稳和倾倒，是比较危险的，要尽量避免危险的发生。

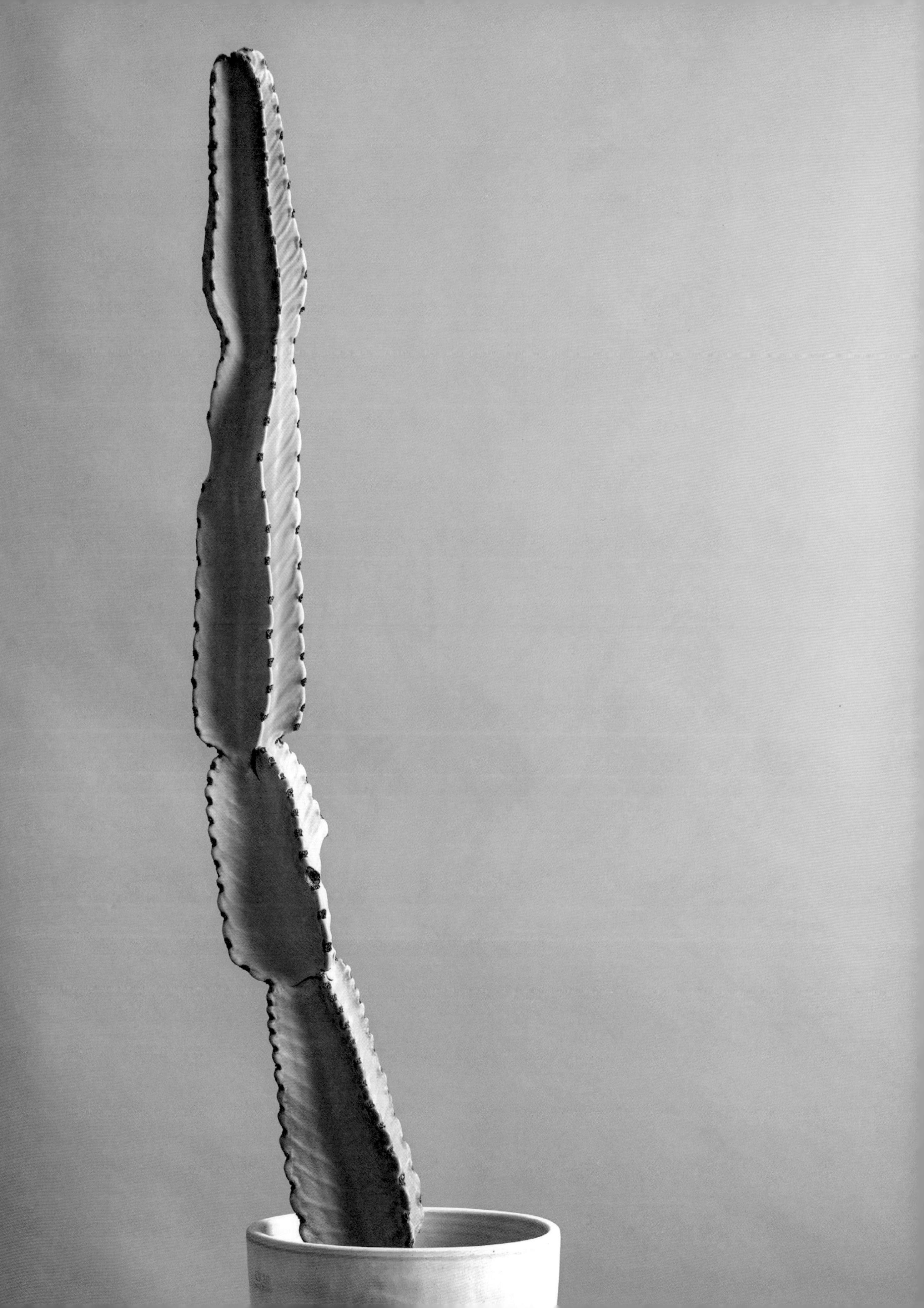

绿玉树

Euphorbia tirucalli

俗名：火棒、光棍树

这种多肉树原产于东非、印度和阿拉伯半岛，具有亮绿色、铅笔一样的细茎，随着生长而枝条分岔。

养护匹配：
新手

光照需求：
明亮散射光、全日照

水分需求：
低

土壤要求：
粗颗粒、沙质

湿度要求：
无

繁殖方式：
茎插

生长习性：
直立

摆放位置：
桌面

毒性等级：
有毒

在阳光直射下时，绿玉树的茎会有黄色到红色的美丽晚霞色调，其俗名“火棒”即由此而来。随着绿玉树逐渐成熟，不显眼的叶子通常会脱落，同时开始生出微小的黄色花朵。

在野外，绿玉树能长成高达 7 米的大树，但在室内，由小插条长出来的绿玉树看起来更像一束铅笔，一旦变色，它们就更像海里的珊瑚。为了让绿玉树能够保持这种标志性的橙色，要让其大部分时间都受到直射光照射。它对水分的要求很低，不要浇水过多。温暖的季节每月施肥一次，绿玉树就能长势喜人。

虽然绿玉树是一种引人注目的植物，但与所有大戟属植物一样，它有剧毒，接触时一定要小心（戴眼镜和手套），家有宠物或孩子，还是种其他植物为好。虽然说绿玉树有毒，但令人遗憾的是，却不影响蚧壳虫和粉蚧的发生，室内栽培的绿玉树还特别合它们的胃口。

三角大戟

Euphorbia trigona

俗名：非洲牛奶树

三角大戟原产于西非，这种绿色且有时带红色的直立多肉植物经常被误认为是仙人掌，这不难理解。它的分枝丛能长到 2 米高和 50 厘米宽，而它三条棱或四条棱的茎上布满了枝刺，半隐藏在同一个位点长出的小叶片下。

养护匹配：
新手

光照需求：
明亮散射光、全日照

水分需求：
中低

土壤要求：
粗颗粒、沙质

湿度要求：
无

繁殖方式：
茎插

生长习性：
直立、丛生

摆放位置：
遮阴的阳台

毒性等级：
有毒

这种俗称非洲牛奶树的多肉植物生长缓慢，比较难伺候。它每天需要约4个小时的直射光和充足的散射光。比起一般的多肉植物，它对水分的需求略高，一旦盆土表面5厘米变干，就需要给它浇水了。换季或者休眠期，它的叶子可能会变黄脱落，但过度浇水也会有这种后果。相反，叶子变干变棕色，则是浇水不足的表征。

可以通过茎插来繁殖三角大戟，插条剪下来等伤口愈合后，蘸取生根水再扦插。切割时，切口分泌出的黏稠乳白色汁液，可能会严重地刺激皮肤，因此在处理这种植物时必须佩戴防护装备，一来免受树液的伤害，再则可以不被利刺扎伤。

阿福花科
ASPHODELACEAE

鲨鱼掌属
Gasteria

这种株型紧凑的植物原产于南非，叶子肥厚粗糙，被统称为牛舌头。通常覆盖着图案各异的叶片，从中心点长出来，或者像莲座一样盘旋而上，或者如打开的书本，叶片彼此相对展开。它们漂亮的花朵也颇引人注目，状如一个“胃”，听起来不那么好，但是悬挂在长长的花茎上，却很有风雅的姿态。

垂吊卧牛（*Gasteria rawlinsonii*）就像一座塔一样线条硬朗（长到一定高度后会垂蔓），变种粗壮青龙刀（*Gasteria disticha* var. *robusta*）的叶心叶片呈粉色，状似舌头，叶片硕大。这些都是让鲨鱼掌迷们喜爱的特征。该属中有许多杂交种（其中一些是天然的），同一品种在不同环境下有很大的差异，幼苗和成株之间也相去甚远。鲨鱼掌属植物与芦荟（*Aloe*）和条纹十二卷（*Haworthia*）关系密切，有时会与这些属的植物杂交。

养护匹配：
新手

光照需求：
明亮散射光

水分需求：
低

土壤要求：
粗颗粒、沙质

湿度要求：
无

繁殖方式：
吸芽

生长习性：
莲座

摆放位置：
遮阴的阳台

毒性等级：
友好

元宝掌“绿冰”

Gasteraloe ‘green ice’

俗名：绿冰

元宝掌是鲨鱼掌属和芦荟属的杂交属。两个属之间产生新属的杂交比较罕见（这种情况会在物种名称前用“×”表示）。绿冰是真正的跨属杂交种，幼年时看起来更像鲨鱼掌，成熟后形状变得像芦荟，以莲座方式生长。它的叶尖有一种磨砂质感，叶片则布满银色的斑点，与绿色的叶心相映成趣。它的管状花茎很高挑，于平凡中显出璀璨。

虽然生长缓慢，但养护得当的话，绿冰最终会长到30厘米高。绿冰是耐旱植物，不喜欢潮湿。如果盆土长时间湿润或水潴留在叶子之间，可能会导致真菌感染。因此，浇水的时候要将水直接浇到盆土里面而不是叶子上，并放置在通风良好、干燥的地方。养绿冰需要懒一些，生长季节施肥一次就好，不要担心害虫，因为它们对病虫害有很强的抵抗力。与其他多肉植物相比，通常绿冰对低光照的耐受性也比较强。有这么多优点，绿冰堪称是理想的室内栽培植物。

阿福花科
ASPHODELACEAE

十二卷属
Haworthiopsis

之前，十二卷曾被认定为是瓦苇属（*Haworthia*）下的一个物种，但是 2013 年的一项研究将十二卷确定为一个单独的属。十二卷属植物外观接近芦荟，它们与芦荟和鲨鱼掌同属一科，是非洲南部所特有的植物，大部分都产于南非。野生条件下，其体型通常很娇小，可爱的莲座丛上一般有白色斑纹，细长的花茎高高地在顶上招摇。

这个属下的植物琳琅满目，各具千秋。青龙（*Haworthia glauca*）状如绳索，条纹十二卷（*Haworthia attenuata*）叶面长着有趣的条纹（如右图所示），龙城（*Haworthia viscosa*）具有不寻常的三角形叶子，而琉璃殿（*Haworthia limifolia*）的叶子小小的如同海星一般。植物爱好者会被这个属下各种植物的叶子形状、颜色、斑纹等特征吸引，跃跃欲试地想要收藏，而全系的品种实在是太多了。

养护匹配：
新手

光照需求：
明亮散射光

水分需求：
低

土壤要求：
粗颗粒、沙质

湿度要求：
无

繁殖方式：
吸芽

生长习性：
丛生

摆放位置：
窗台

毒性等级：
友好

条纹十二卷

Haworthiopsis attenuata

俗名：斑马仙人掌

斑马仙人掌这个俗名有点误导性质，因为斑马仙人掌实际上是一种多肉植物。这种小植物有着厚厚的、深绿色的锥形叶子，叶片上有漂亮的白色横条斑纹。它的高度不会超过 20 厘米，宽幅不会超过 13 厘米，而实际上大多数植株的尺寸要小得多。由于它生长缓慢，其娇小的形态可能会保持相当长的时间。

在自然栖息地，它通常生长在稍荫蔽的地方；室内养护时，需要充足的明亮散射光，早晨能够晒到阳光的位置最佳。由于它的体型较小，又喜欢阳光，窗台是不错的摆放位置。当天气变热，它需要消耗更多的能量，一半的盆土变干就应该给它浇水；冬天则要等到绝大部分土壤干燥后再浇水。

在生长季节，只需要施一次多肉专用肥即可。它很容易爆芽，长成一种丛生的样子，种植者可以摘下幼株来进行繁殖。

仙人掌科

CACTACEAE

仙人掌属

Opuntia

仙人掌属是以古希腊城市奥普斯（Opus）命名的，亚里士多德的学术继承者西奥弗拉斯都斯（Theophrastus）声称在那里发现了可以通过将叶子直接插入地面来繁殖的植物。该属由仙人掌科150~180种平节多肉植物组成，它们原产于美洲，生长范围从加拿大西部一直到南美洲的最南端。精心处理过后，仙人掌的花和果实（因为这种果实，这个属的植物得到了一个共同名称：刺梨）都可以吃，其中有些尤其美味。

该属的某些品种已经逃离了它们的原生地，从而成了入侵物种，特别是在南非和澳大利亚。因其繁殖力超强，如果不加以控制，它可以迅速蔓延。在那些将仙人掌当作有毒杂草的地区，户外种植是非法的，在某些情况下，出售也是非法的，因为它们可能会对生态系统造成重大影响。这并不是说您不能欣赏这些美丽的植物，只是在购买之前要先研究下您所在地区对这些植物的管理方针。

黄毛掌

Opuntia microdasys

俗名：兔耳仙人掌

带有可爱斑点的幼苗黄毛掌会让人愉快地联想到兔子的头和耳朵。这种微型的仙人掌是墨西哥中部和北部特有的，栽种在室内别有一番趣味。

养护匹配：
新手

光照需求：
全日照

水分需求：
低

土壤要求：
粗颗粒、沙质

湿度要求：
无

繁殖方式：
茎插

生长习性：
直立

摆放位置：
窗台

毒性等级：
友好

但是要注意，兔耳仙人掌甜美的外表掩盖了它的危险，这些家伙是有武器的！虽然没有棘刺，但是却长着密集的球毛或短刺，比最细的人类毛发更细，所以，它的学名中有“细毛”（microdasys）一词。这些细毛轻轻触碰下就会大量脱落，造成皮肤严重过敏，所以一定要小心对待黄毛掌！

除了充足的光照，它还需要排水性很好的土壤。在温暖季节，黄毛掌生长很快。等盆土完全干燥时浇水，冬天的浇水频率可以大大降低。虽然对害虫有较强的抵抗力，但它可能会受到蚧壳虫和白粉虫的攻击，这种情况下，可以用酒精棉签来擦拭。和其他的仙人掌一样，兔耳仙人掌很容易繁殖，将这种植物扦插盆栽是送给朋友的绝佳礼物。

单刺仙人掌

Opuntia monacantha

俗名：垂刺梨

虽然垂刺梨不一定符合每个人的口味，但是这种奇特的南美原生植物只要给予充足的直射阳光，时不时浇浇水，在室内也能生机盎然，成株甚至能开出花径达 10 厘米的明黄色花朵，非常招摇。

养护匹配：
新手

光照需求：
全日照

水分需求：
低

土壤要求：
粗颗粒、沙质

湿度要求：
无

繁殖方式：
茎插

生长习性：
直立

摆放位置：
地面

毒性等级：
友好

单刺仙人掌并不符合所有人的审美，这种南美洲土著植物非常奇特，只要直射光和一点点水就可以在室内茁壮成长，甚至开出10厘米尺寸的艳丽黄花。

单刺仙人掌幼苗期多节的肉掌比其他仙人掌更薄，不如其他仙人掌那么挺拔，这也是它俗名的缘由。它那垂直的茎看起来像是被拉长了，有点畸形，但这种古古怪怪正是它魅力的一部分。有一种矮化的锦化变种（*Opuntia monacantha* ‘variegata'）更不寻常，它被称作“约瑟的彩衣”，是极少数在自然条件下会发生锦化的仙人掌之一，但这种出锦现象在园艺栽培中相当常见。

垂刺梨不需要太多养护。基本不要修剪，当然也可以根据需要进行修剪，以保持所需的形状和大小。将一片茎叶摘下来后，待伤口愈合再进行繁殖。一定要注意避免被刺扎伤。用锋利的刀切割时，记得要用钳子（最好用海绵或材料包裹下）夹住仙人掌。

葫芦科
CUCURBIIACEAE

碧雷鼓属
Xerosicyos

碧雷鼓属是马达加斯加特有的植物，只包括三个种。葫芦科植物中，碧雷鼓属植物是开花的，和黄瓜、夏南瓜（*zucchini*）一样。这个属来自于希腊语，意思为“干黄瓜”，但和它们的蔬菜亲戚们不太一样，碧雷鼓属植物已经适应了干燥的气候；有些种类长出了肉质的叶子，另一些则有鼓囊囊的茎，能在根部储存水分，落叶性的藤蔓就从这种根部萌发。

这个属中的绿之大鼓（*Xerosicyos danguyi*）又叫银元藤，扁平圆形的肉质叶如同悬浮在细茎上一般。它是这个属中最常见的栽培品种。如果您想要一些很异国情调的品种，那么碧雷鼓这种优雅的攀援多肉植物是一个很好的选择。

养护匹配：
新手

光照需求：
全日照

水分需求：
低

土壤要求：
粗颗粒、沙质

湿度要求：
低

繁殖方式：
茎插

生长习性：
攀援

摆放位置：
书架、花架

毒性等级：
未知

绿之大鼓

Xerosicyos danguyi

俗名：银元藤

如果钱能生长在树上，它们可能看起来像碧雷鼓。被称作银元藤的碧雷鼓是一种优雅而不寻常的攀缘多肉植物，有圆形的银绿色叶子，沿着圆柱形的茎生长，具有攀援、缠绕的习性，其精致的卷须，类似于豌豆，能辅助其攀援茎向上生长。没有支架的情况下，它那厚重的茎会从花架或者吊盆的边缘悬垂下来。给予充足的明亮光照，包括每天几小时的直射光，碧雷鼓就能长成为一道独特的风景。

碧雷鼓产自马达加斯加的干旱地区，是一种耐旱又强壮的肉质植物，它已经适应了高温和长期干旱。如果是室内栽培，最好用仙人掌科植物 + 多肉植物专用营养土。春秋两季，浇水间隔一定要让土壤有个干透的过程，冬季还要进一步减少浇水。如果您是种植新手，不妨选择碧雷鼓。

样本：仙人之舞 / 金景天
Kalanchoe orgyalis

景天科

CRASSULACEAE

伽蓝菜属
Kalanchoe

18 世纪法国植物学家米歇尔·阿丹森（Michel Adanson）首次描述了伽蓝菜属，这个属由大约 125 种高度多样化的热带多肉植物组成。一些伽蓝菜属植物看起来更像是多叶植物，而非多肉植物，例如矮生伽蓝菜（*Kalanchoe blossfeldiana*），长着闪亮的绿叶，能开出大量暖色的花朵。这个属的植物一般都能长到 1 米高，仙女之舞（*Kalanchoe beharensis*）甚至可以达到 6 米。还有匍匐生长的宫灯长寿花（*Kalanchoe uniflora*），长着带斑点的硬质灰色叶子的扇雀（*Kalanchoe rhombopilosa*），以及有着下垂的漂亮的红色花簇、叶子如同硬币般的白姬之舞（*Kalanchoe marnieriana*）。虽然该属的植物在传统医学中有一些用途，但伽蓝菜具有轻微毒性，应远离宠物和儿童。

豹纹落地生根 / 掌上珠

Kalanchoe gastonis-bonnieri

俗名：驴耳朵

豹纹落地生根的大叶子是灰绿色的，有时略带红色和不明显的棕色斑纹，叶片上看起来像是撒上了白色粉末。原产于马达加斯加，长势迅猛，高度和宽幅可达 45 厘米。

养护匹配：
新手

光照需求：
明亮散射光、全日照

水分需求：
中低

土壤要求：
粗颗粒、沙质

湿度要求：
无

繁殖方式：
吸芽

生长习性：
莲座

摆放位置：
窗台

毒性等级：
有毒

通常来说，驴耳朵是一次结实植物，这意味着它开花后就会死亡，但也不要觉得如五雷轰顶，因为驴耳朵株龄在4到5年时即宣告成熟，此时其叶尖或叶缘会长出可爱的子株；母本死亡后，这些小苗就是它的存活后代了。这些幼苗会长出根系，可以小心将其从母株上分离并种在新的花盆里，这样就完成了生命的一个循环。一般来说，驴耳朵在开花前会活10~15年，应该说这个结局也不算坏。

夏季时，浇水间隔需要让一半盆土干透，冬季则要全部干透再浇水，切勿以浸盆的方式浇水。如果叶片或者茎有软烂的情况，那就是因为过度浇水，而这对驴耳朵来说是致命的。确保驴耳朵能照到直射阳光，和充足的明亮散射光。春秋两季每两周施用浓度减半的多肉专用肥料——这在植物开花并需要额外能量时尤为重要。

露西伽蓝菜

Kalanchoe luciae

俗名：烙饼

露西伽蓝菜这种迷人的多肉植物原产于南非、莱索托、博茨瓦纳和斯威士兰王国（原斯威士兰），叶子呈桨形，可以长到 20 厘米高。

养护匹配：
新手

光照需求：
明亮散射光、全日照

水分需求：
低

土壤要求：
粗颗粒、沙质

湿度要求：
无

繁殖方式：
吸芽

生长习性：
莲座

摆放位置：
遮阴的阳台

毒性等级：
有毒

其灰绿色的叶子类似于蛤壳，在充足光照条件下，这些覆盖一层粉状物的叶子会变成大红色，犹如腮红一般；这种变色是一种免受强光伤害的自我保护机制。冬末或早春时会开花，花茎可高达一米；有时露西伽蓝菜的莲座在开花后会死亡，但室内生长时不太可能开花，所以这对室内园艺爱好者来说并不是问题。

在夏季，一个月左右就要浇适量的水并施用一次浓度减半的肥料，直到天气变凉；此时应该完全停止施肥，并在盆土彻底变干后再浇水。露西伽蓝菜不适应极端寒冷的温度，低于 0℃ 和频繁的霜冻都会对它造成伤害，所以寒冷的天气里，要将伽蓝菜从室外搬进室内，置于光线明亮的位置。

虽然相对来说露西伽蓝菜抗虫力较强，但也会遭到蚜虫和粉蚧的危害，因此要对这类害虫保持警惕，并在它们有机会站稳脚跟之前迅速采取灭虫行动。最后提请注意，露西伽蓝菜经常被误认为是唐印伽蓝菜（*Kalanchoe thyrsiflora*），但唐印和露西相比，区别在于前者叶子的边缘并没有那么红艳，两者的养护要求相同。

夹竹桃科
APOCYNACEAE

豹皮花属
Stapelia

通常来说，豹皮花属植物悦目却气味难闻，属下有五十来个种类，都是团块状的、无刺的多肉植物，其花朵非常有特点，但是也可谓“臭”名昭著；这些花有着错综复杂的图案纹理和强烈的腐肉气味，除了甜美豹皮花（*Stapelia flavopurea*）气息芳香。无论是外观还是气息，这些五角星形状的花都非常令人瞩目。在其原生地非洲，那里没有蜜蜂授粉，所以这些豹皮花利用腐臭味来吸引蚂蚁和苍蝇帮助其授粉。

可做盆栽种植的豹皮花屈指可数，它们需要透水性好的盆土，浇水要少，还要有充足的直射光，满足这些条件，就可以在室内或阳台上茁壮成长。无论是园艺大师还是新手，选择了豹皮花，一场浪漫的植物之约就开场了。

养护匹配：
新手

光照需求：
全日照

水分需求：
中

土壤要求：
粗颗粒、沙质、透水性好

湿度要求：
无

繁殖方式：
茎插

生长习性：
丛生

摆放位置：
窗台

毒性等级：
有毒

大花犀角

Stapelia grandiflora

俗名：臭肉花

被称为臭肉花的大花犀角虽然美艳，但其腐臭气息却会让人退避三舍。这是一种直立性的多肉植物，茎如天鹅绒般柔软，通常为淡绿色，但是充足的阳光直射下可以变成红色。其丛生茎的基部会开出星形花朵，散发出难闻的味道，因此它被人爱慕和遭人厌恶的程度是相等的。话虽如此，这种臭味并不浓烈，要凑近了好好闻一下才能感觉到。

大花犀角原产于南部非洲干旱地区，那里的自然条件很恶劣；它的肉质茎是养分和水分的重要储存库，确保它在缺水条件下能够生存；这些茎时而干瘪，时而饱满，取决于吸收的水分。在没有蜜蜂授粉的情况下，它的花能够吸引苍蝇和蚂蚁，对于完成授粉很有用。

大花犀角作为盆栽植物，要给予大量的直射光，盆土颗粒要粗，排水性要好。春夏两季要等盆土彻底干透再浇水，冬天几乎不需要浇水——这样的优点无疑使它们成为低维护成本的最佳室内植物。

天河丝苇仙人掌
Rhipsalis trigona

这种槲寄生仙人掌有厚实的三角棱形短节茎，有时看起来扭曲多折，具有一种生机勃勃的外观，甚至类似现代建筑物一般的硬朗风格。这种惹人注目的丝苇仙人掌和其他仙人掌一样，养护要求低。

仙人掌科

CACTACEAE

丝苇属

Rhipsalis

丝苇属大约有40种多肉植物，通常被称为槲寄生仙人掌或珊瑚仙人掌。多数是附生植物，生长在中美洲和南美洲热带和亚热带地区的树木高处（有些也长在岩石缝隙）。在马达加斯加发现了一个叫浆果丝苇（*Rhipsalis baccifera*）（见第372页）的物种，这让一直研究那些不同寻常的仙人掌的科学家感到困惑。

在适应了热带雨林的潮湿条件后，这些丛林仙人掌在外观和养护要求上与生活在沙漠中的近亲有很大不同。丝苇属的垂状茎形态各异，有圆形、棱角形、扁平，厚度也不一样。已经发现的物种中，未央之柳（*Rhipsalis heteroclada*）类似于丛生的珊瑚，圆蝶（*R. goebeliana*）的茎是扁平锯齿状（见第375页），有的丝苇仙人掌长着硬质短刺，而人多数完全不长刺。对于这个属的植物，应该说各花入各眼。

浆果丝苇仙人掌

Rhipsalis baccifera

俗名：槲寄生仙人掌

和人一样，有些植物的长势堪称是肆无忌惮。浆果丝苇仙人掌的细茎能以夸张的数量层层叠叠地倾泻而下，作为垂吊植物特别适合放在吊盆或者花架上，才能保证它有足够的伸展空间。

养护匹配：
新手

光照需求：
明亮散射光

水分需求：
中

土壤要求：
透水性好

湿度要求：
中

繁殖方式：
茎插

生长习性：
垂蔓

摆放位置：
书架、花架

毒性等级：
友好

浆果丝苇仙人掌茎干的状态优雅动人，白色的花朵精致美丽，它的成熟果实和槲寄生相似，槲寄生这个俗名也由此而来。这种易于养护的室内美植确实有很多值得喜爱的地方。

作为丛林仙人掌，丝苇浆果已经适应了潮湿的环境和经过茂密的热带丛林层层过滤的暗弱光线。因此，它在沙漠条件下不能很好地生长，虽然说早晨或傍晚的直射阳光也能接受，但再强一点的光线就会灼伤它，所以保持光线明亮，但要以散射光为主。它对水的需求肯定高于沙漠仙人掌，但必须盆土表面5厘米干透之后才能浇水。在自然栖息地，丝苇浆果通常会生长在苔藓或是碎树枝和岩石中，可以说它已经适应了容易干透的介质。冬季大幅减少浇水，可以预防根腐；无论何时都要确保盆土透水性好。

换盆的时候，丝苇浆果的生脆的茎很容易被碰落，但不用担心，因为掉落的茎很容易繁殖，只要晾几天，就可以重新种植；用仙人掌专用土和一个浅盆来扦插，置于遮荫处几个星期，新芽就会冒头。

圆蝶

R. goebeliana

俗名：扁平槲寄生仙人掌

用“随意”“漫无目的”来描述圆蝶这种古怪的附生植物似乎不是什么溢美之词，但却反映了它的真实情况，而我们也应该为这种杂乱无章的生长习性感到高兴。

养护匹配：
新手

光照需求：
明亮散射光

水分需求：
中

土壤要求：
透水性好

湿度要求：
中

繁殖方式：
茎插

生长习性：
垂蔓

摆放位置：
书架、花架

毒性等级：
友好

作为一种稀有的丝苇仙人掌，圆蝶长着光滑扁平的茎，边缘略有锯齿状，分段生长，能随意分枝和改变生长的方向，茎叶长度可达 2 米。花朵初期为黄色，随后变成白色，让整株植物看起来更加轮廓分明。

以收集和分类仙人掌而闻名的德国园艺家柯特·巴克伯格（Curt Backeberg），在 1959 年描述过这种植物，他的描述基于一个种源不明的栽培样本。虽然圆蝶类似于楔形丝苇（*Rhipsalis cuneata*）和桐壶 / 长椭圆丝苇（*Rhipsalis oblonga*）（原产于巴西和南美洲安第斯地区），但最近的 DNA 测试表明它与这两个物种都没有关系，它的原生地仍然未知。圆蝶和所有丝苇仙人掌一样，更喜欢明亮的散射光和透水性好的盆土。它喜欢较高的湿度，但通常也能适应一般室温和养护条件。

赤苇

Rhipsalis pilocarpa

俗名：毛果丝苇

赤苇细小而富有质感的多分支垂茎上覆盖着白色细毛，俗称毛果丝苇。

养护匹配：
新手

光照需求：
明亮散射光

水分需求：
中

土壤要求：
透水性好

湿度要求：
中

繁殖方式：
茎插

生长习性：
垂蔓

摆放位置：
书架、花架

毒性等级：
友好

因为赤苇生长在巴西及其周边地区热带雨林的树枝上，受到农业扩张和城市化的威胁，现在已被列为野外濒危物种。作为优秀的园艺植物，赤苇非常适合室内栽培，园艺爱好者珍爱它那成簇的细茎，它所获得的英国皇家园艺学会功勋奖就是明证。

赤苇的茎幼年直立生长，成熟后会下垂，以螺旋状分布。枝条的末端会开出赏心悦目的芬芳花朵，还能结出带刚毛的红色小粒浆果。这种令人瞩目的热带附生植物不喜欢午后阳光的直射，因为会灼伤淡绿色的茎，使其变黄。不过，充足的明亮散射光和晨昏时分的直射光对其也有益处。浇水时需浇透水，再次浇水需待盆土表面5厘米变干后。

景天科
CRASSULACEAE

景天属
Sedum

景天属植物因为通常能够在岩石缝隙中生长被称为石头草，是景天科开花植物的一个大属。过去人们一度认为该属包括 600 多个种，但最近的重新分类已将这一数字减少到 400~500 种，该属下原来的一些物种已经被归到了八宝属（*Hylotelephium*）和红景天属（*Rhodiola*）。

多叶的景天属植物可以分为匍匐生长和灌木状生长两种习性，它们的肉质叶子能够储存水分。这是对非洲和南美洲干旱原生地适应性的体现。这些美丽的耐旱植物常用作旱式花园的地面覆盖植物，其中也不乏优秀盆栽植物和室内植物。

养护匹配：
新手

光照需求：
明亮散射光

水分需求：
低

土壤要求：
透水性好

湿度要求：
低

繁殖方式：
茎插

生长习性：
垂蔓

摆放位置：
书架、花架

毒性等级：
友好

玉米景天

Sedum morganianum

俗名：驴尾巴

玉米景天俗称“驴尾巴”，有独特的垂蔓茎，茎上覆盖着紧密压实的叶子，是一种美丽且易养护的多肉植物。它那下垂而又粗壮的茎看起来像是编织而成的一样，具有可爱的质感。美丽的颜色也着实令人爱羡，从柔和的石灰绿到蓝绿色，呈现出不一而足的变化，叶面还带有一层淡淡的哑光白色。

玉米景天将水分储存在肉质的叶子中，相当耐旱，宁干勿湿。用仙人掌科植物和多肉植物的专用营养土，能保持良好的排水性，浇水一定要等盆土干透。室内栽培要保证充足的明亮光线，至少几个小时的晨光直射。避免午后艳阳灼伤叶子。

夏末时玉米景天能开出好看的红色、黄色或白色的悬垂花簇。它非常适合摆放在花架上，那拖曳的茎干能伸展到 90 厘米长，看起来非常养眼。

仙人掌科
CACTACEAE

蛇鞭柱属
Selenicereus

蛇鞭柱属以希腊月亮女神赛琳娜（Selene）为名，因其夜间开出美丽的花朵而俗称月光仙人掌，属下有 20 来种树生仙人掌、岩生仙人掌和陆生藤蔓状仙人掌。原生于墨西哥、中美洲、加勒比海和南美洲的野地。扁平和锯齿状的茎上能长出气生根以帮助攀援，有些无刺的，但有些长刺的伤害性很强。

蛇鞭株的大白花是仙人掌科植物中最大的一种，花香芬芳浓郁，花色明艳，但是整个绽放过程多数情况下只持续一晚上。因为是晚上开放，所以飞蛾是授粉的主力。

养护匹配：
新手

光照需求：
明亮散射光

水分需求：
中

土壤要求：
透水性好

湿度要求：
中

繁殖方式：
茎插

生长习性：
垂蔓

摆放位置：
书架、花架

毒性等级：
有毒

昆布孔雀

Selenicereus chrysocardium

俗名：蕨叶仙人掌

昆布孔雀长着棱角分明的锯齿形叶，其长度可达 2 米，在无刺附生仙人掌中也算是独树一帜。它那富有表现力的茎足以博人眼球，但最令人震撼的是它华丽的花朵，金色的雄蕊令人惊叹，昆布孔雀学名中的拉丁种加词（chrysocardium）——“金色的心脏”指的就是雄蕊；这些精致的花朵经常在月光下绽放，蔚为壮观；但美好的事物总不长久，转眼之间就凋谢了。虽然说在室内栽培时，昆布孔雀不太可能开花，但它那令人瞩目的叶子足以成为购买的理由。

俗称蕨叶仙人掌的昆布孔雀实际上是一种丛林仙人掌，它已经从对沙漠的适应进化到了对雨林潮湿、阴暗环境的适应。当这个物种迁移到热带地区后，水分的保持不再是问题，如何吸收光线变得更加重要，因此它那无叶的茎变得很宽大，以促进光合作用。

与沙漠仙人掌不同，昆布孔雀只能适应温和的晨光，其他时间段的直射阳光对其都是不利的，因此，只要保持明亮的散射光即可。盆土必须排水性良好，春夏两季要有规律地浇水，一旦盆土表面 2~5 厘米变干就浇水，但秋冬比较冷的情况下，要让盆土近乎干透才好。

术语表

GLOSSARY

刺座（Areole）：长出仙人掌刺的小凸起或凹陷，是有用的识别仙人掌的特征。

苞片（bract）：有时会被误作是花，但实际上是变态叶，真正的花朵或花序会从苞片中长出。它们的功能是吸引传粉者或保护花朵。苞片中较为常见的例子就是白鹤芋属（和平百合），那杯状的白色佛焰苞温柔地呵护着花序。

装饰盆（cachepot）：英语发音为“cash-poh”，这是一个来自法语的词，是指一种没有排水孔的装饰花盆，可以把带有排水孔的小花盆置于其中。

茎基（caudex）：植物肿大的树干、茎或地上根系，能帮助植物储存水分对抗恶劣的气候环境。长着茎基的植物通常被称为“脂肪植物”。

萎黄病（chlorosis）：由于叶绿素不足而导致叶子褪色变黄的情况。其他较常见的原因还包括根部受损或受压迫、土壤排水不良、缺乏营养元素或盆土的 pH 值极端过高或过低。

栽培变种（cultivar）：人工栽培的植物品种，是正种的变种。

指状叶（digitate）：形状像人手指的叶子。

附生植物（epiphyte）：一种生长在其他植物（通常是树木）上的植物，不需要土壤。它们通常不会寄生于宿主。

科（family）：在植物界，“科”是根据共同特征分组的植物集合。目前已知的植物科有数百个，在分类学的世界中，科位于属和种之上，在界、门、纲、目之下。

变型（form）：分类学中的特定等级，位于物种和变种之下，是一个种下分类。

蕨叶（frond）：蕨类植物的裂叶或叶状结构，也指棕榈的叶子。

属（genus）（复数为 genera）：在分类学中，“属”是指一组具有相同特征的植物。属位于科之下和物种之上，并且总是用斜体和首字母大写标识，例如：*Monstera*（龟背竹属）。

习性（habit）：习性是指植物的一般结构和外观。例如：丛生或直立。

半附生植物（hemi-epiphyte）：两类附生植物之一（参见“全附生植物”），半附生植物仅在其生命周期部分阶段为附生植物。或先附着在其他植物上开始生命周期，后期生长在地面，或前期在地上，后期附生在其他植物上生长。

全附生植物（holo-epiphyte）：附生植物的子类，这些植物一生都附生于其他植物表面或内部，从不与地面接触。

杂交种（hybrid）：同一属内的两个不同物种的植物跨种授粉的结果。杂交也可以在野外自然发生，同时所有植物都可以用来培育杂交种、变种、栽培变种，等等。

花序（inflorescence）：与单一结构的花不同，花序是排列在茎上的一簇花，它可能由一个或多个分枝组成。

种下分类（infra-specific）：位于物种之下的分类等级，例如变种、亚种、变型或栽培变种。

叶缘（leaf margin）：叶子的边界或边缘，可能呈锯齿状或裂片状。

线形叶（linear）：长而薄的叶子。

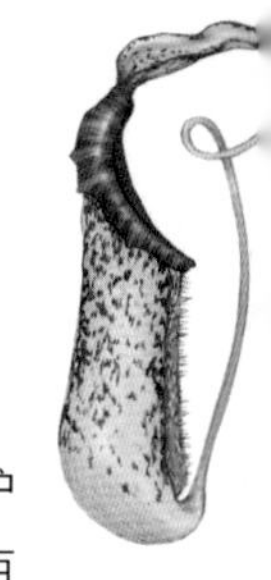

岩生植物（lithophyte）：一种生长在岩石上的植物，不需要传统的土壤。岩生植物经常生长在悬崖立面上。

裂片（lobe）：叶子的一部分，深度的内凹和外凸组合而成，可以是圆形或尖刺状。

中脉（midrib）：沿着叶子中间延伸的大型主脉。

黏液（mucilage）：所有生物体都会以某种方式产生黏性物质。一般植物的黏液通常用于储存食物和水，而食虫植物的黏液通常用作诱饵和陷阱，以诱捕大意的猎物。

突变（mutation）：基因自然发生突变，并导致植物外观出现突然的变化。这些突变在园艺界一般都会受到高度重视，育种者会利用这些突变来培育变种。

茎节（node）：植物茎的一部分，通常隆起。许多植物的茎节包含着所有遗传信息，新生的叶子、枝条、花朵、不定根都由茎节生长出来。

倒卵形叶（obovate）：卵形叶子，基部较细。

卵形叶（ovate）：卵形叶子，基部较宽。

掌状叶（palmate）：有五个或更多裂片的叶子，中脉从一个中心点向外辐射，形状似手掌。

掌状半裂叶（palmatifid）：有许多裂片的叶子，裂口均匀，裂口只到叶柄的一半距离。

花梗（peduncle）：支撑植物花序的茎。

盾状叶（peltate）：叶子的下方有茎干或叶柄托举着叶子，使叶子看起来像盾牌一般。

抱茎状叶（perfoliate）：围绕节点的苞片或叶子，其看起来好像茎干直接穿过了叶子。

叶柄（petiole）：叶子的梗、茎，附着在上一级茎干上。

羽状裂叶（pinnate）：这种裂叶类似羽毛，由排列在叶柄两侧的小叶组成。羽状叶常见于蕨类植物。

羽状半裂叶（pinnatifid）：这种裂叶的裂片与叶柄基本相连，不被视作单独的小叶。

根状茎（rhizome）：一般生长在地下的匍匐茎，芽和根都从中萌发。

长匐茎（runner）：类似于匍匐茎和根茎，这种细长的茎产生根，有时会产生小芽，通常生长在地面上。

攀援性（scandent）：攀援生长的习性。

锯齿叶缘（serrate）：锯齿状的叶缘，看起来像锋利的小刃齿。

肉穗花序（spadix）：细长的肉质花序，覆盖着一簇小花，最常见于天南星科（有佛焰苞）和胡椒科（没有佛焰苞）。

佛焰苞（spathe）：从根部长出的大型保护苞片。常见的例子可见于白鹤芋属（和平百合）植物上的单个白色花瓣状的苞片。

匍匐茎（stolon）：生长在地上的水平匍匐茎，并在其长度的各个点发出新根以生长新植物。

亚种（subspecies）：一种低于“种”但高于“变种”的分类类别，用于识别特征差异很小的植物群，这些差异通常是由地理差异造成的。

异名（synonym）：物种在分类学中的曾用名，现已被新的名称所取代。例如，Sansevieria trifasciata（虎尾兰属虎尾兰）是 Dracaena trifasciata（虎尾兰龙血树）的异名，因此写作 Sansevieria trifasciata syn。

陆生植物（terrestrial）：从地面生长而不是水生或附生的植物。

毛状体（trichomes）：植物上多种细毛或鳞状物。

块茎（tuber）：储存水和食物的地下器官。它还可以保护植物免受恶劣条件的影响。

变种 / 品种（variety）：分类学中的类别，表示正种发生某种变异后的类型。它位于“种”之下，高于“亚种”和“变型”，并用“var.”标志。

视觉索引
VISUAL INDEX

新手
NOVICE

毛萼口红花
Aeschynanthus radicans
俗名：口红花

“条纹”万年青
Aglaonema ‘stripes’
俗名：中国万年青

芦荟杂交种‘圣诞颂歌’
Aloe × “Christmas carol”
俗名：圣诞颂歌芦荟

多叶芦荟
Aloe polyphylla
俗名：螺旋芦荟

蔓生花烛
Anthurium scandens
俗名：珍珠蕾丝花烛

领带花烛
Anthurium vittarifolium
俗名：条叶花烛

竹节秋海棠
Begonia maculata
俗名：波尔卡圆点秋海棠

大苍角殿
Bowiea volubilis
俗名：爬藤洋葱

鬼面角
Cereus hildmannianus ‘monstrose’
俗名：畸形苹果仙人掌

秘鲁天轮柱
Cereus repandus
俗名：秘鲁苹果仙人掌

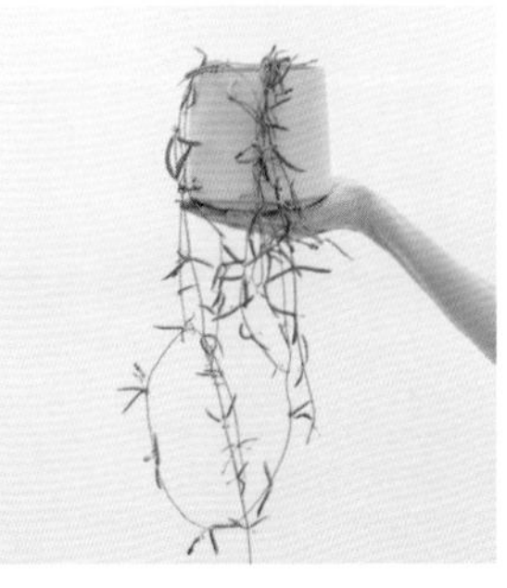

线叶吊灯花
Ceropegia linearis
俗名：一串针

爱之蔓
Ceropegia woodii
俗名：心蔓

蜘蛛吊兰
Chlorophytum comosum
俗名：蜘蛛草

卵叶青锁龙 / 燕子掌
Crassula ovata
俗名：翡翠木

菱叶白粉藤
Cissus rhombifolia
俗名：葡萄常春藤

熊童子
Cotyledon tomentosa
俗名：熊掌

十字星青锁龙
Crassula perforata
俗名：钱串景天

肾叶垂头菊
Cremanthodium reniforme
俗名：拖拉机座

厚萼翡翠珠
Curio radicans
俗名：弦月

扁平龟甲龙
Dioscorea sylvatica
俗名：象脚山药

卵叶眼树莲
Dischidia ovata
俗名：西瓜眼树莲

鼠尾掌
Disocactus flagelliformis
俗名：鼠尾仙人掌

马尾铁树
Dracaena marginata
俗名：千年木

虎尾兰龙血树
Dracaena trifasciata
俗名：蛇草

拟石莲花杂交种“梦露”
Echeveria × ‘Monroe’
俗名：橙梦露

三角大戟
Euphorbia trigona
俗名：非洲牛奶树

绿萝
Epipremnum aureum
俗名：魔鬼常春藤

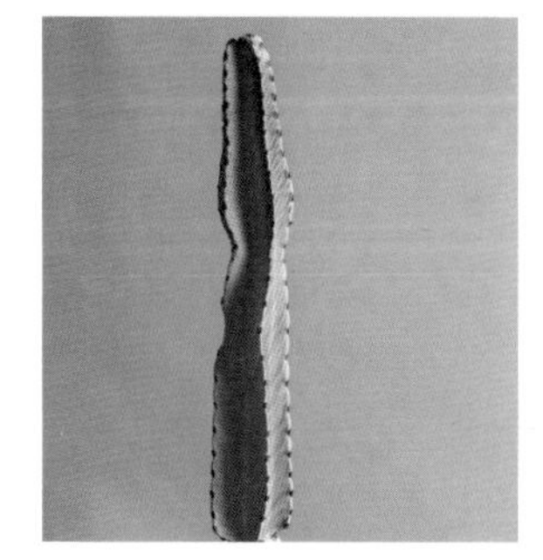

普通树大戟
Euphorbia ingens
俗名：烛台树

绿玉树
Euphorbia tirucalli
俗名：火棒

孟加拉榕“奥黛丽”
Ficus benghalensis ‘Audrey’
俗名：孟加拉榕

长叶榕
Ficus binnendijkii
俗名：柳叶榕

印度橡胶榕
Ficus elastica
俗名：橡皮树

大头榕
Ficus petiolaris
俗名：岩榕

白网纹草
Fittonia albivenis
俗名：神经草

元宝掌“绿冰”
× *Gasteraloe* ‘green ice’
俗名：绿冰

条纹十二卷
Haworthiopsis attenuata
俗名：斑马仙人掌

“玛姬”心叶春雪芋
Homalomena rubescens ‘Maggie’
俗名：心叶皇后

平叶棕
Howea forsteriana
俗名：肯蒂亚棕榈

绿叶球兰
Hoya carnosa
俗名：蜡兰

杂交匍匐球兰“玛蒂尔德”
Hoya carnosa × serpens ‘Mathilde’
俗名：玛蒂尔德球兰

变种卷叶球兰
Hoya carnosa var. *compacta*
俗名：印度绳叶球兰

杉叶石松
Huperzia squarrosa
俗名：岩生流苏蕨

豹纹落地生根
Kalanchoe gastonis-bonnieri
俗名：驴耳

露西伽蓝菜
Kalanchoe luciae
俗名：烙饼

裴氏鳞木泽米
Lepidozamia peroffskyana
俗名：鳞片泽米

蒲葵
Livistona chinensis
俗名：中华扇叶葵

美味龟背竹
Monstera deliciosa
俗名：瑞士奶酪

夕特龟背竹
Monstera siltepecana
俗名：银叶龟背竹

长叶肾蕨
Nephrolepis biserrata
俗名：霸王蕨

黄毛掌
Opuntia microdasys
俗名：兔耳仙人掌

单刺仙人掌
Opuntia monacantha
俗名：垂刺梨

三角紫叶酢浆草
Oxalis triangularis
俗名：紫三叶草

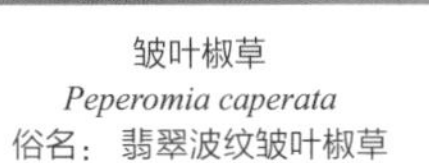

皱叶椒草
Peperomia caperata
俗名：翡翠波纹皱叶椒草

圆叶椒草
Peperomia obtusifolia
俗名：幼橡胶树

荷叶椒草
Peperomia polybotrya
俗名：雨滴椒草

垂椒草
Peperomia scandens
俗名：丘比特垂椒草

裂叶喜林芋
Philodendron bipennifolium
俗名：马头喜林芋

铂金喜林芋
Philodendron 'birkin'
俗名：铂金金钻蔓绿绒

心叶蔓绿绒变种
Philodendron hederaceum var.hederaceum
俗名：天鹅绒蔓绿绒

“白公主”红苞喜林芋
Philodendron erubescens ‘white princess’
俗名：白公主蔓绿绒

心叶攀援喜林芋
Philodendron hederaceum
俗名：心叶蔓绿绒

巴西金线蔓绿绒
Philodendron hederaceum ‘Brasil’
俗名：杏叶蔓绿绒

掌叶喜林芋
Philodendron pedatum
俗名：橡叶蔓绿绒

绒柄蔓绿绒
Philodendron squamiferum
俗名：红腿毛

钻叶蔓绿绒亚种“刚果”
Philodendron tatei ssp. melanochlorum ‘Congo’
俗名：刚果蔓绿绒

鱼骨喜林芋
Philodendron tortum
俗名：鱼骨钥匙蔓绿绒

花叶冷水花
Pilea cadierei
俗称：铝斑草

无名冷水花
Pilea sp. ‘NoID’
俗名：银光冷水花

镜面草
Pilea peperomioides
俗名：铜钱草

二岐鹿角蕨
Platycerium bifurcatum
俗名：麋鹿角蕨

巨大鹿角蕨
Platycerium superbum
俗名：公鹿角蕨

澳洲香茶菜
Plectranthus australis
俗名：瑞典常春藤

裂叶崖角藤
Rhaphidophora decursiva
俗名：爬树龙

四子崖角藤
Rhaphidophora tetrasperm
俗名：姬龟背竹

大叶棕竹
Rhapis excelsa
俗名：观音棕竹

玉米景天
Sedum morganianum
俗名：驴尾巴

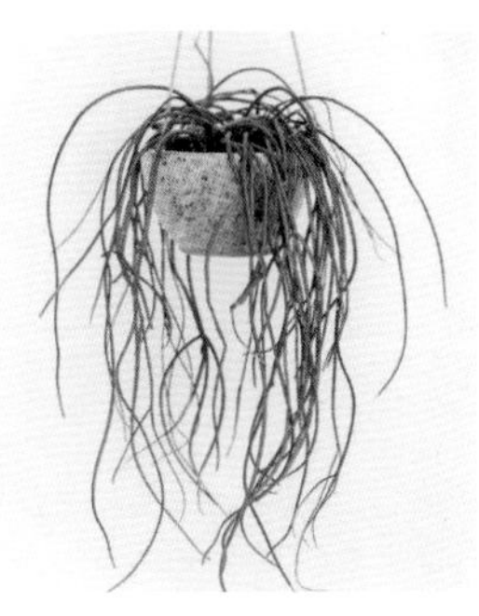

浆果丝苇仙人掌
Rhipsalis baccifera
俗名：槲寄生仙人掌

圆蝶
Rhipsalis goebeliana
俗名：扁平槲寄生仙人掌

赤苇
Rhipsalis pilocarpa
俗名：毛果丝苇

鹅掌藤
Schefflera arboricola
俗名：矮伞木

小银叶葛
Scindapsus pictus var. *argyraeus*
俗名：星点藤

昆布孔雀
Selenicereus chrysocardium
俗名：蕨叶仙人掌

白掌
Spathiphyllum sp.
俗称：和平百合

大花犀角
Stapelia grandiflora
俗名：臭肉花

尼古拉鹤望兰
Strelitzia nicolai
俗名：白花天堂鸟

小鹤望兰
Strelitzia reginae
俗名：天堂鸟花

合果芋
Syngonium podophyllum
俗名：箭叶芋

松萝凤梨
Tillandsia usneoides
俗名：西班牙苔藓

电烫卷空气凤梨
Tillandsia xerographica
俗名：霸王空气凤梨

黄金钮
Winterocereus aurespinus
俗名：金鼠尾仙人掌

绿之大鼓
Xerosicyos danguyi
俗名：银元藤

雪铁芋
Zamioculcas zamiifolia
俗名：桑给巴宝石

园艺能手
GREEN THUMB

埃塞俄比亚铁线蕨
Adiantum aethiopicum
俗名：少女发蕨

脆铁线蕨
Adiantum tenerum
俗名：薄脆少女发蕨

盾牌海芋
Alocasia clypeolata
俗名：绿盾海芋

热亚海芋
Alocasia macrorrhizos
俗名：大芋头

黑鹅绒海芋
Alocasia reginula
俗名：黑天鹅绒海芋

美叶芋
Alocasia sanderiana
俗名：美叶观音莲

麻叶花烛
Anthurium polydactylum
俗名：多指花烛

火鹤王花烛
Anthurium veitchii
俗名：国王花烛

火鹤后花烛
Anthurium warocqueanum
俗名：皇后花烛

波氏秋海棠
Begonia bowerae
俗名：睫毛秋海棠

异色短裂秋海棠
Begonia brevirimosa
俗名：异域秋海棠

马扎秋海棠
Begonia mazae
俗名：马扎秋海棠

盾叶秋海棠
Begonia peltata
俗名：毛叶秋海棠

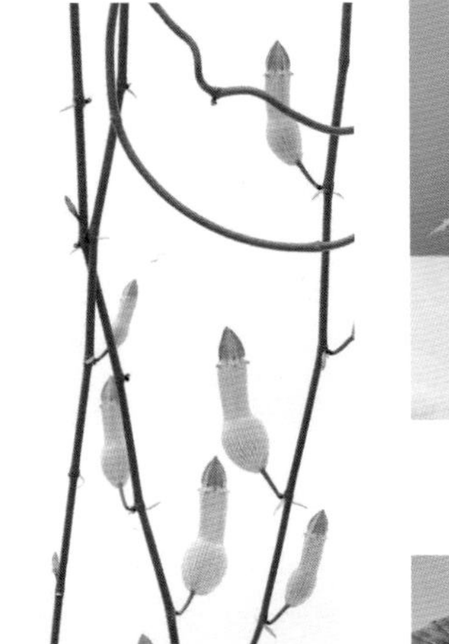
瓶吊灯花
Ceropegia ampliata
俗名：避孕套

蟆叶秋海棠
Begonia rex
俗名：彩叶秋海棠

双色花叶芋
Caladium bicolor
俗名：彩叶芋

乳脉花叶芋
Caladium lindenii
俗名：白脉箭叶

节根竹芋
Calathea lietzei
俗名：孔雀

芋头
Colocasia esculenta
俗名：象耳

翡翠珠
Curio rowleyanus
俗名：珍珠吊兰

蓝色细叶变种翡翠珠
Curio talinoides var. *mandraliscae*
俗名：蓝铅笔

斐济骨碎补
Davallia fejeenis
俗名：兔脚蕨

观赏薯蓣
Dioscorea dodecaneura
俗名：观赏山药

雪莲景天
Echeveria laui
俗名：雪莲

本杰明榕
Ficus benjamina
俗名：垂叶榕

大琴叶榕
Ficus lyrata
俗名：琴叶榕

洒金肖竹芋
Goeppertia kegeljanii
俗名：网脉竹芋

青苹果竹芋
Goeppertia orbifolia
俗名：孔雀竹芋

泽泻蕨
Hemionitis arifolia
俗名：心叶蕨

心叶球兰
Hoya kerrii
俗名：甜心球兰

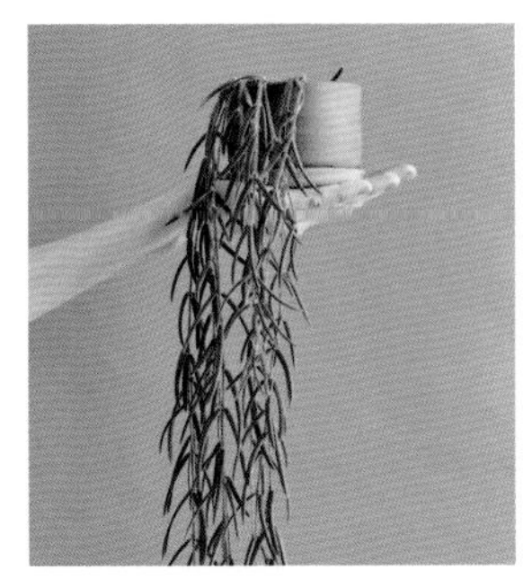

线叶球兰
Hoya linearis
俗名：线叶球兰

孔叶龟背竹
Monstera adansonii
俗名：瑞士奶酪藤

黄斑美味龟背竹
Monstera deliciosa ‘borsigiana variegata’
俗称：斑叶瑞士奶酪

高大肾蕨波士顿变种
Nephrolepis exaltata var. *bostoniensis*
俗称：波士顿蕨

豆瓣绿椒草
Peperomia argyreia
俗名：西瓜皮椒草

黑金杂荣耀蔓绿绒
Philodendron melanochrysum × *gloriosum*
‘glorious’
俗名：荣耀蔓绿绒

园艺专家
EXPERT

斑马海芋
Alocasia zebrina
俗名：虎斑观音莲

加州眼镜蛇瓶子草
Darlingtonia californica
俗名：眼镜蛇百合

捕蝇草
Dionaea muscipula
俗名：维纳斯捕蝇草

茅膏菜
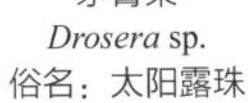
Drosera sp.
俗名：太阳露珠

猪笼草
Nepenthes sp.
俗名：捕虫草

瓶子草属
Sarracenia sp.
俗名：喇叭捕虫草

养护索引
PLANT CARE INDEX

光照需求

中低

明亮散射光

明亮散射光——全日照

全日照

水分需求

低

中低

中

中高

高

湿度要求

无

低

中低

中

中高

高

生长习性

垂蔓

攀援

直立生长

丛生

莲座

毒性等级

宠物友好

微毒

有毒

未知

致谢
THANK YOU

伟大的伊奥拉民族，伟大的加迪加尔人，你们是澳洲和悉尼的主人及守护者，这本书创作于悉尼，在此我要把它献给你们。致敬这些过去、现在和未来的守护者长老们！

在我们创作的第二本书《创造室内丛林》（*Indoor Jungle*）的发布会上，我们的出版商保罗·麦克纳利（Paul McNally）随口建议我们可以再写一本。写作让我们一发不可收拾，我们感到惊奇之余非常感谢他对我们的信任，感谢他让那些赏心悦目的绿植书得以出版，来到大家面前！谢谢你，保罗，谢谢史密斯街图书出版社（Smith Street Books）的整个团队，感谢你们的支持！

感谢编辑露西·希瓦（Lucy Heaver），在我们不断深入探索室内植物世界的过程中，你耐心地与我们合作，在此我们要感谢你的指导和出色的编辑工作！

我们非常感谢和钦佩伊迪丝·雷瓦（Edith Rewa），感谢你那些出色的植物插图，有了它们，这本书显得如此与众不同。

我们感到非常欣慰，能在新冠疫情让一切陷入停滞之前设法拍摄了这本书中的图片。很高兴能与摄影师贾奎·忒克（Jacqui Turk）合作，你帮助我们拍摄的那些植物图片美得让人难以置信，它们捕捉到了拍摄对象的精髓。我们感谢你的热情、付出和卓尔不凡的眼光。你和你值得信赖的助手梅格·利瑟兰（Meg Litherland）一起，为拍摄那些效果恰到好处的照片精益求精，全身心投入。谢谢你们！

创作本书让我们得以全神贯注，在疫情让我们所有人的生活陷于混乱之时，这在某种意义上是一种幸运。非常感谢传奇人物皮亚·马扎（Pia Mazza）和莎拉·麦格拉斯（Sarah McGrath）在 Leaf Supply 工作室坚守堡垒，让我们能够一边对抗疫情带来的困难，一边创作本书。

非常高兴再次来到我们最喜爱的满目苍翠的园艺工作室造访我们最喜爱的园艺师，能够再次拍摄阿诺·列昂（Anno Leon）的私人珍藏是一种无上的快乐。他的植物造型技巧首屈一指，我们折服于他创造的奇迹。在我们最喜欢杰里米·克里奇利（Jeremy Critchley）的绿色画廊苗圃（The Green Gallery）以及基思·华莱士（Keith Wallace）和戈登·贾尔斯（Gordon Giles）的基思·华莱士苗圃（Keith Wallace Nursery）里摄影对我们来说是前所未有的体验，回忆当初我们开始为 Leaf Supply 采购库存，向他们紧张地介绍我们自己的情景，不觉莞尔。多年过去了，我们现在已经将这些慷慨的园艺达人视为朋友，他们提高了我们的园艺知识，发展了我们的业务，并在我们写作过程发挥了重要作用。

悉尼皇家植物园是园艺爱好者的圣地，在这里，不仅可以拍摄纬度 23 温室（Latitude 23 Glasshouses），还可以拍摄花萼温室（The Calyx），真是梦一般的体验。感谢我们的朋友和来自皇家植物园的园艺达人凯特·伯顿（Kate Burton）帮助获得场地拍摄许可，感谢伯纳黛特（Bernadette）和塔尼莎（Tanisha）帮助协调拍摄和图片版权事宜。

如果没有简·罗斯·劳埃德（Jane Rose Lloyd）的专业园艺知识，这本书便不可能存在。她关于植物的智慧和对我们的鼓励是无价的——她称我们写的植物介绍为“写给植物的情书”，真是有够撩拨我们的心弦。我们希望能以某种方式再次与这位园艺女神合作。

我们还要感谢所有买过我们书的读者，无论是一本还是两本。正是因为有你们，我们才能够继续成长、学习、创造并与其他园艺爱好者建立联系。正是因为你们，我们才如此热爱我们所做的事情。

我们还要感谢我们的家人和亲密伙伴：

索菲亚：我很幸运能够享有来自家人和朋友的爱和支持。感谢我的父母珍妮丝和刘易斯连续照顾拉菲近两周，让我可以专注地完成手稿。感谢我的姐姐奥利维亚、哥哥丹尼尔和嫂子特里娜的鼓励，他们甚至在半夜里还和我讨论食虫植物。迈克和拉菲，我爱你们。最后，劳伦，你是我最棒的商业合作、艺术创意和写作上的搭档，没有你，我不可能有现在的成就！劳伦：首先，如果没有我们村的大力支持，我将无法承担这项令人兴奋但艰巨的任务。我的父母玛丽和理查德是我最大的帮助，和我优秀的丈夫安东尼和女儿弗兰基一起如同啦啦队一样为我加油鼓劲。我爱你们所有人。非常感谢我所有的朋友和家人，他们提供了无尽的鼓励，并最早向我发送在世界各地商店中所售卖的我们写的书的照片。而索菲亚，你是一位优秀的商业伙伴、写作搭档，更是一个出色的人，我们的 Leaf Supply 事业和我们合作的书籍有了你才如此令人愉快，谢谢你！

图书在版编目（CIP）数据

室内植物权威指南/(澳) 劳伦·卡米莱里,(澳) 索菲亚·卡普兰著;
邵志军, 邓岚译. — 长沙:湖南科学技术出版社, 2024.7
ISBN 978-7-5710-2529-8

Ⅰ. ①室… Ⅱ. ①劳… ②索… ③邵… ④邓… Ⅲ. ①观赏植物－观赏
园艺 Ⅳ. ①S68

中国国家版本馆 CIP 数据核字(2023)第 196875 号

著作权登记号：18-2023-192

SHINEI ZHIWU QUANWEI ZHINAN
室内植物权威指南

著　　者：[澳]劳伦·卡米莱里　[澳]索菲亚·卡普兰
译　　者：邵志军　邓　岚
出 版 人：潘晓山
责任编辑：刘　英
出版发行：湖南科学技术出版社
社　　址：长沙市芙蓉中路一段416号泊富国际金融中心
网　　址：http://www.hnstp.com
湖南科学技术出版社天猫旗舰店网址：
http://hnkjcbs.tmall.com
邮购联系：0731-84375808
印　　刷：长沙玛雅印务有限公司
（印装质量问题请直接与本厂联系）
厂　　址：长沙市雨花区环保中路188号国际企业中心1栋C座204
邮　　编：410000
版　　次：2024年7月第1版
印　　次：2024年7月第1次印刷
开　　本：889mm×1194mm 1/12
印　　张：34
字　　数：400 千字
书　　号：ISBN 978-7-5710-2529-8
定　　价：158.00元